U0145850

卫星

陈茂胜 主编

Viewing China From Satellite

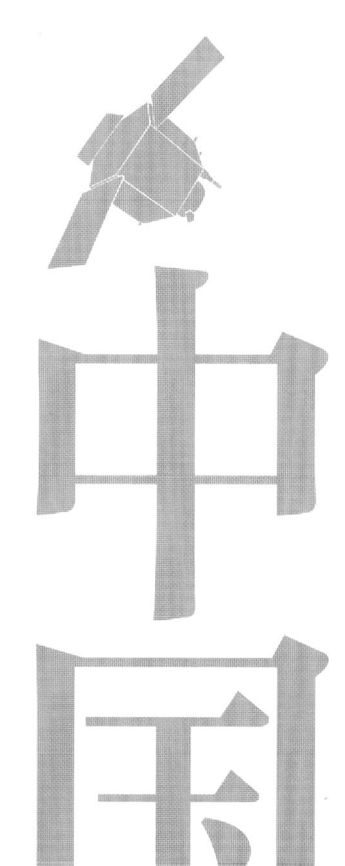

CTS K 湖南科学技术出版社 · 长沙

序言

历时近一年，这本由“吉林一号”卫星影像凝练而成的《卫星瞰中国》终于和大家见面了。“吉林一号”星座是长光卫星技术股份有限公司在建的核心工程，自 2015 年 10 月首批 4 颗卫星成功发射以来，日益壮大。经过这些年的积累，“吉林一号”在太空中拍摄了大量珍贵影像，记录和见证了中华大地日新月异的变化。

我们希望广大读者能够通过“吉林一号”卫星影像，直观感受到航天光学遥感的魅力。这是一本卫星作为摄影师的相册，您能通过“吉林一号”的镜头看遍祖国大地极具震撼力的自然人文景观，以及彰显中华民族劳动人民智慧和汗水的地标建筑。这还是一本数字化的遥感影像集，我们在书中嵌入了丰富的数字遥感互动应用，通过扫描书中配置的二维码，您可以体验包括 3D 立体影像、地物智能识别、多期历史影像、高清卫星壁纸等全新数字服务。

希望《卫星瞰中国》，让广大读者利用“吉林一号”这个太空之眼，在从太空视角领略祖国大地壮美风貌的同时，激发自身对于建设美好祖国的奋斗激情，并充满理想、保持热爱，一起在这颗蔚蓝的星球去记录、去发现、去探索！

长光卫星技术股份有限公司副总经理

钟兴

自然之美

变迁之美

目录

自然之美

01 长白山天池㊠

这可能是
中国最知名的火山。
位于中朝国界上的长白山，
千峰林立，郁郁葱葱。
数千万年以来，这里地质活动极为频繁，火山活动活跃，
特别是南宋年间的大喷发，喷出物甚至弥漫至日本，
而喷射的熔岩与碎屑在火山口四周堆积，
筑起了一座巍峨的火山锥，
正中塌陷的火山口积水成湖，
形成了今日闻名遐迩的长白山天池。
它海拔达 2189 米，
是世界上海拔最高的火山湖；
它最深可达 373 米，
也是中国最深的湖泊。
长达 9 个月的积雪将其覆盖，
登临天池，群山如在脚下，
天地一片洁白，
是磅礴也是浪漫。

003

扫码查看
3D 动效图

02 乌梁素海 内蒙古

位居中国八大淡水湖之一的乌梁素海，
是地球同纬度最大的一块湿地。
它位于内蒙古巴彦淖尔，
南接黄河，北靠狼山，
总面积达 300 平方千米。
其实这片水域十分年轻，
形成于 20 世纪 50 年代。
奔流至此的黄河受到阴山阻挡，
转头向东划出一个巨大的“几”字形，
阴山在造山运动中持续隆起，
终于让黄河转道南移，
遗留下了河迹湖，
这便是乌梁素海的雏形。
如今，它的浩瀚与宽阔，
仿佛大海般敞开胸怀，
哺育着 256 种鸟类以及遍地水草，
展现着内蒙古高原的旖旎风光。

扫码查看
高清壁纸图

03 扎陵湖(青)

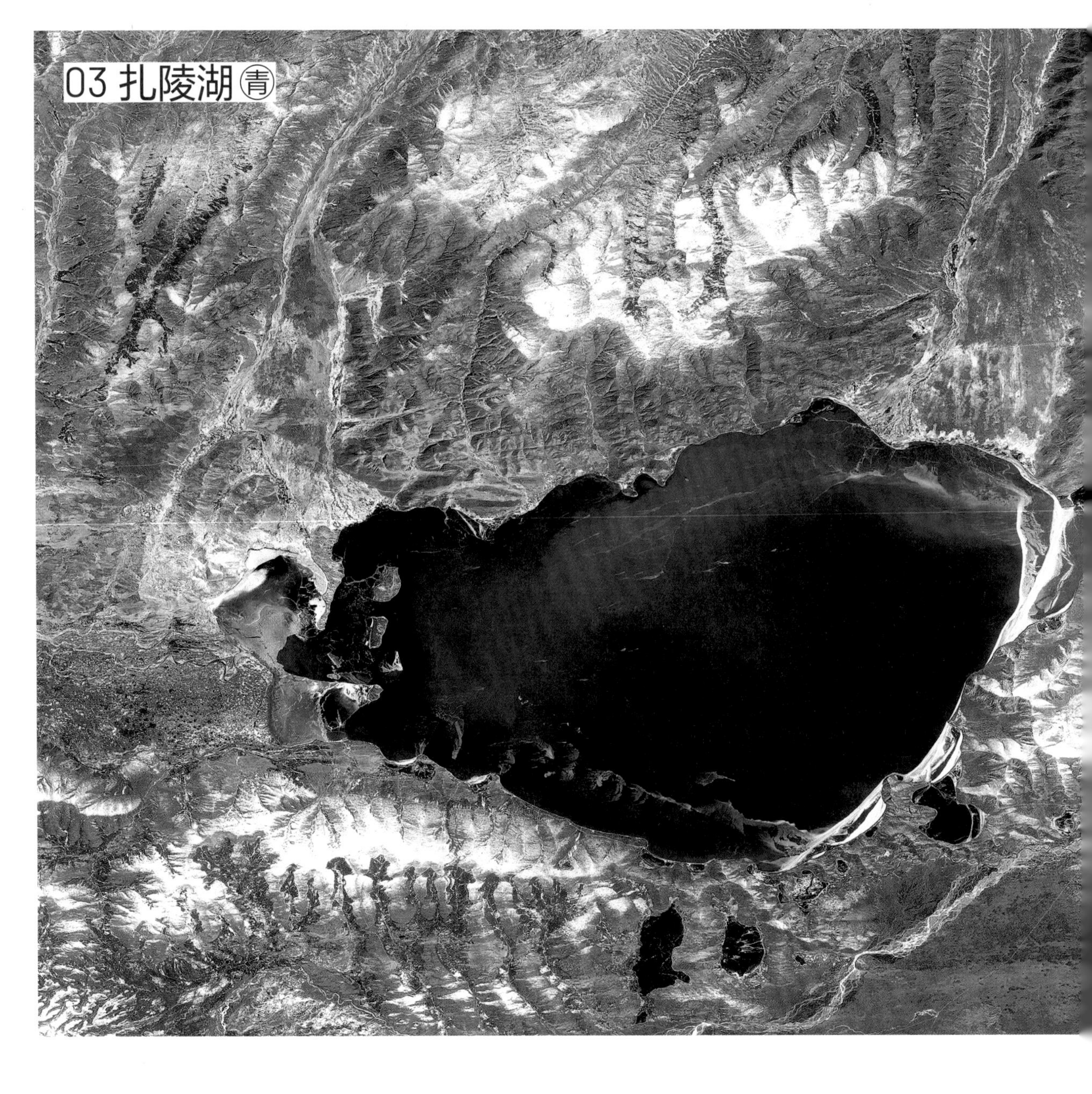

两个清澈碧绿的湖泊，
互相依偎在青藏高原的东北部，
它们一个名为“扎陵”，
一个名为“鄂陵”，
又有“黄河源头姊妹湖”之称。

这里海拔 4000 多米，
黄河从山间汩汩而来，
从西南一隅流入，
在湖中注入大量泥沙，
再由东南一隅流出，
共同哺育着氤氲湿地，丰美水草。

每年春天，

数以万计的鸟类从印度半岛飞至此处，

在湖中的小岛上栖息，

四周还有牛羊漫步湖畔，

它们与蓝天白云、连绵青山，

成了令人心醉的仙境桃源。

扫码查看
高清壁纸图

04 冈仁波齐峰㊟

西藏的山大多带着神圣的色彩，
比如冈仁波齐。
这座海拔 6714 米、
状如金字塔的圆锥形山峰，
已在此矗立了千万年。
它偏居西藏西部，
是冈底斯山脉的主峰，
常年冰雪覆盖、云遮雾绕，
看不清完整面目。
历经长期剥蚀，
山体上还有一个自然形成的巨大“十”字，
或许正是这种神秘，
让它成为周边各民族心中的“神山”，
藏传佛教、印度教、苯教无不对它顶礼崇拜，
并赋予它极具威严的传说与名号，
每年跋山涉水来到它脚下朝拜的信众络绎不绝。

扫码查看
高清壁纸图

冈仁波齐峰｜北

冈仁波齐峰 | 南

扫码查看
3D 展示图

05 大兴安岭 ㊥黑 ㊥内蒙古

北起黑龙江的大兴安岭，
是中国最北的一方河山。
它全长 1400 多千米，
与北京至上海的距离相当。
庞大的山脉，
拦截着从东部跋涉而至的太平洋水汽，
全年降水丰沛，
是高大乔木生长的乐园，
茂密的森林覆盖了 74% 以上的山地，
荡漾着壮阔无比的“绿色林海”。
这里也保留着中国面积最大的原始森林，
林海中有 1000 余种野生植物生机勃勃，
400 余种珍禽异兽自由穿梭，
共同构筑出中国北境的“生态长城”

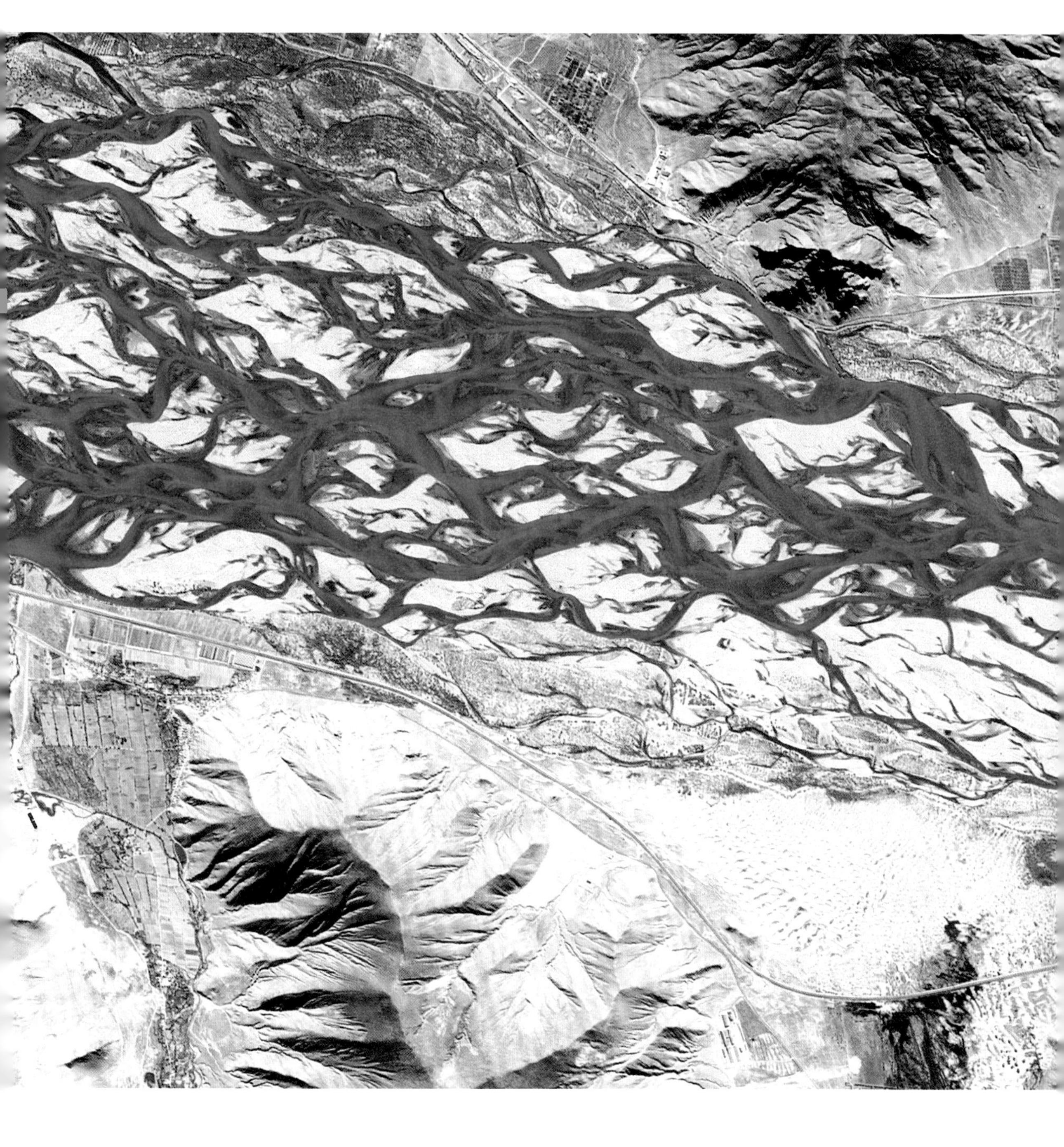

雅鲁藏布江贯穿于此，

河流分叉交织如“辫”，

蜿蜒前行 2000 多千米，

同时见证了 2000 多千米的极致风光。

当它遇到海拔 7782 米的南迦巴瓦时，

突然以 180 度急转而下，

切出了著名的雅鲁藏布江大峡谷，

随后朝孟加拉国和印度奔去，

在陌生的土地再现着大河传奇。

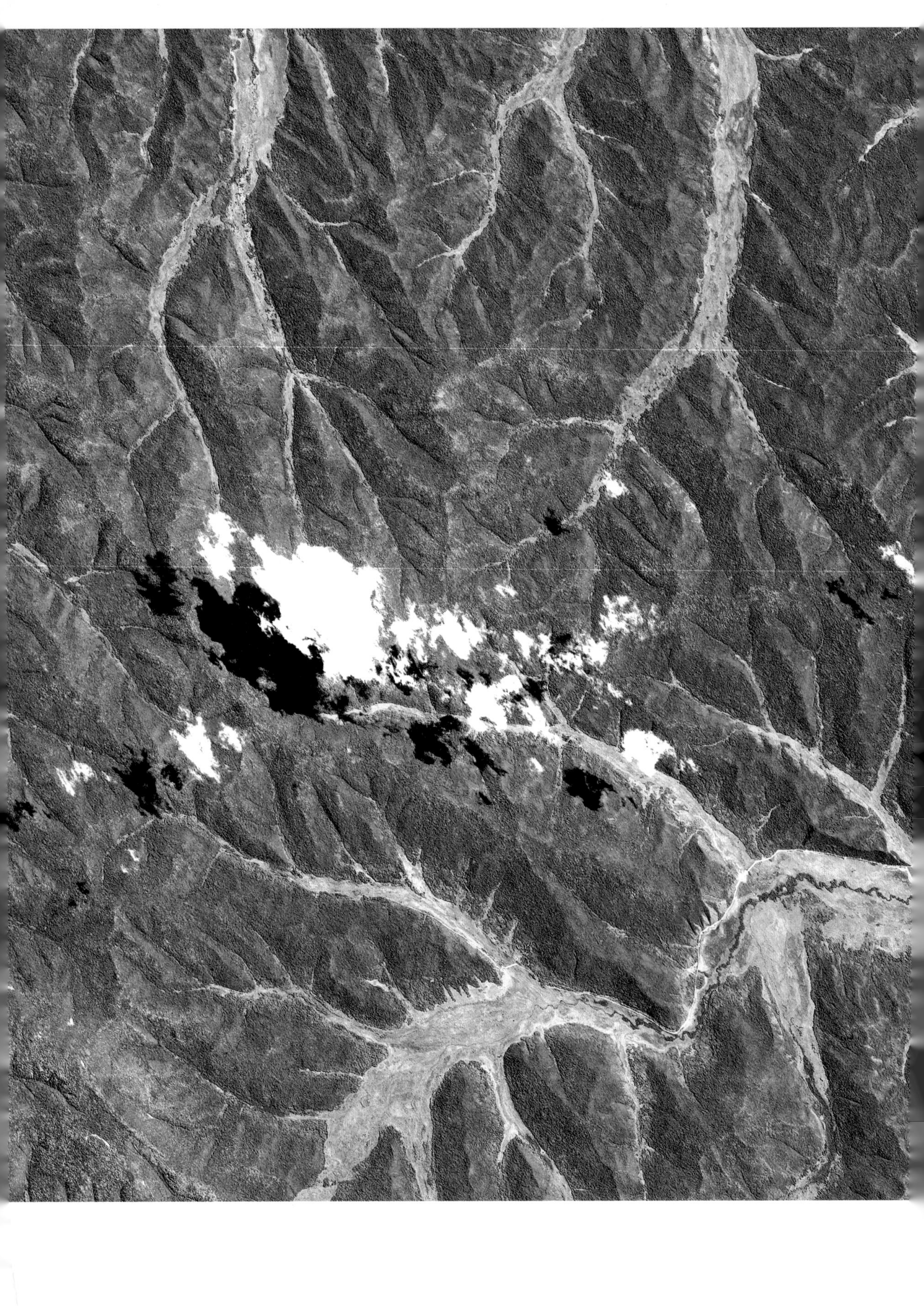

扫码查看
高清壁纸图

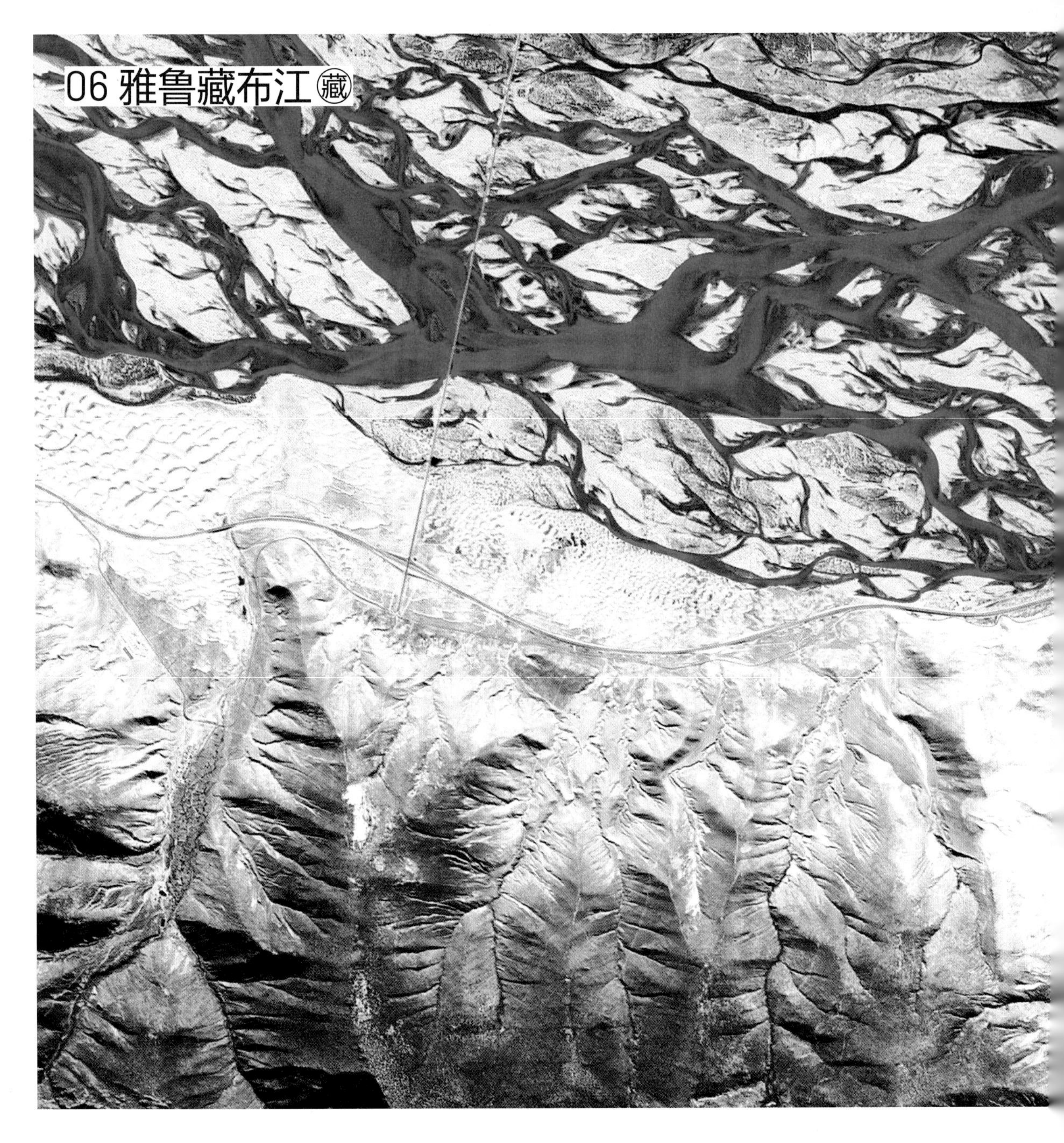

06 雅鲁藏布江㊟

数不尽的极高山耸立在青藏高原南端，
山上无垠的冰川融汇成滚滚洪流，
而雅鲁藏布江便是其中之一。

它的南北两边平行排列着两座大山
——中国最雄壮的喜马拉雅山脉
和坐落在冈仁波齐的冈底斯山脉。

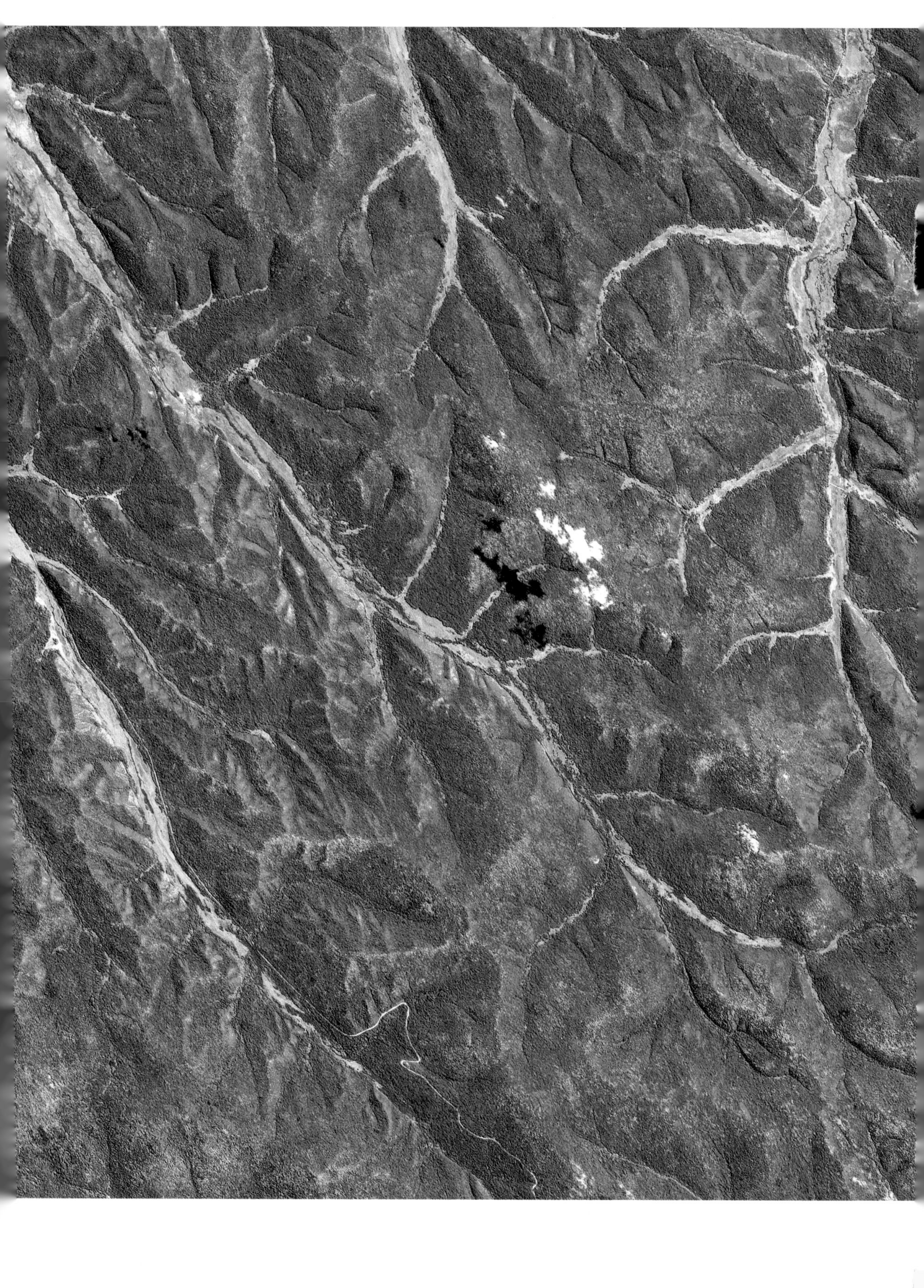

扫码查看
高清壁纸图

07-1 长江篇 · 玉树㊂

07-2 长江篇 · 重庆㊟渝

长江，这条长达 6300 余公里的中国第一大河，
横跨整个中国南部，
以其跌宕的落差、宽广的流域、丰沛的水量，
哺育着四成的中国人。
从青藏高原唐古拉山脉发源，
一路穿越巴颜喀拉山、横断山、巫山等崇山峻岭、高山峡谷，
还有汉江、湘江、赣江等百川相汇、云蒸霞蔚。
从雪山之巅到东海之滨，
一座座名城被这条大江连接起来，
各自的故事都与长江息息相关。
上游的山城重庆，嘉陵江于此汇入，
扼守着四川盆地的东大门，
曾是两宋时风云际会的军事要塞。
中游的江城武汉，九省通衢、三镇并立，
从三国至近代，历来为兵家必争之地。
下游的古城苏州，凝聚着中国古典审美的情趣，
江南烟雨中，洒满一城诗意，
而入海口的上海，
是长江流域培育出的世界特大城市，号称“魔都”。
更为可贵的是，
无论上游、中游或下游，
均可通行千吨巨轮，
巨大的通航能力，
将其流域各地紧紧相连，
滔滔江水所见证的，
正是中国的经济腾飞、
人烟鼎沸以及新时代下的日新月异。

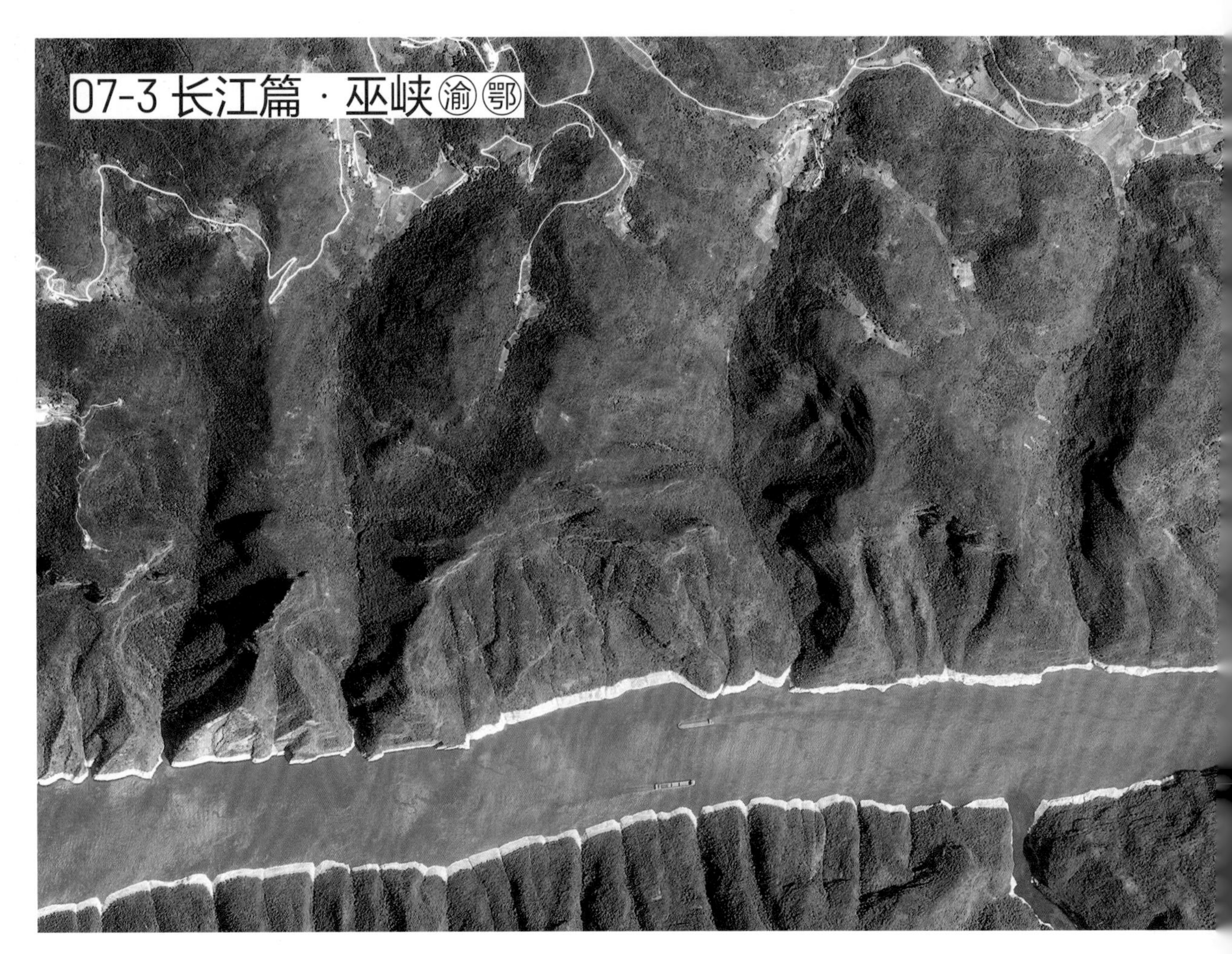
07-3 长江篇 · 巫峡㊐㊐

扫码查看
3D 展示图

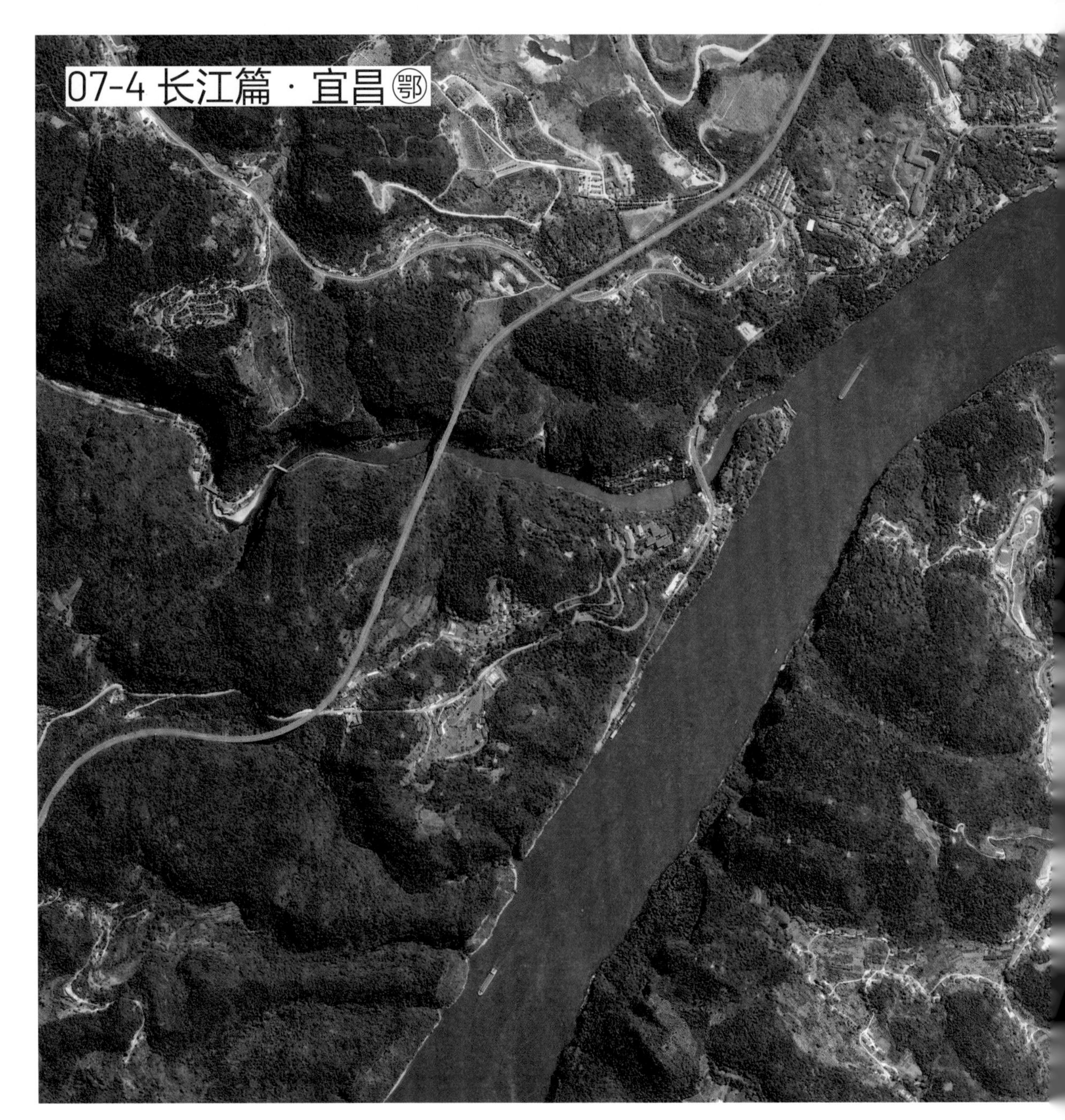
07-4 长江篇 · 宜昌㊊

07-5 长江篇 · 武汉 鄂

07-6 长江篇 · 上海㊉

08-1 黄河篇 · 黄河源（青）

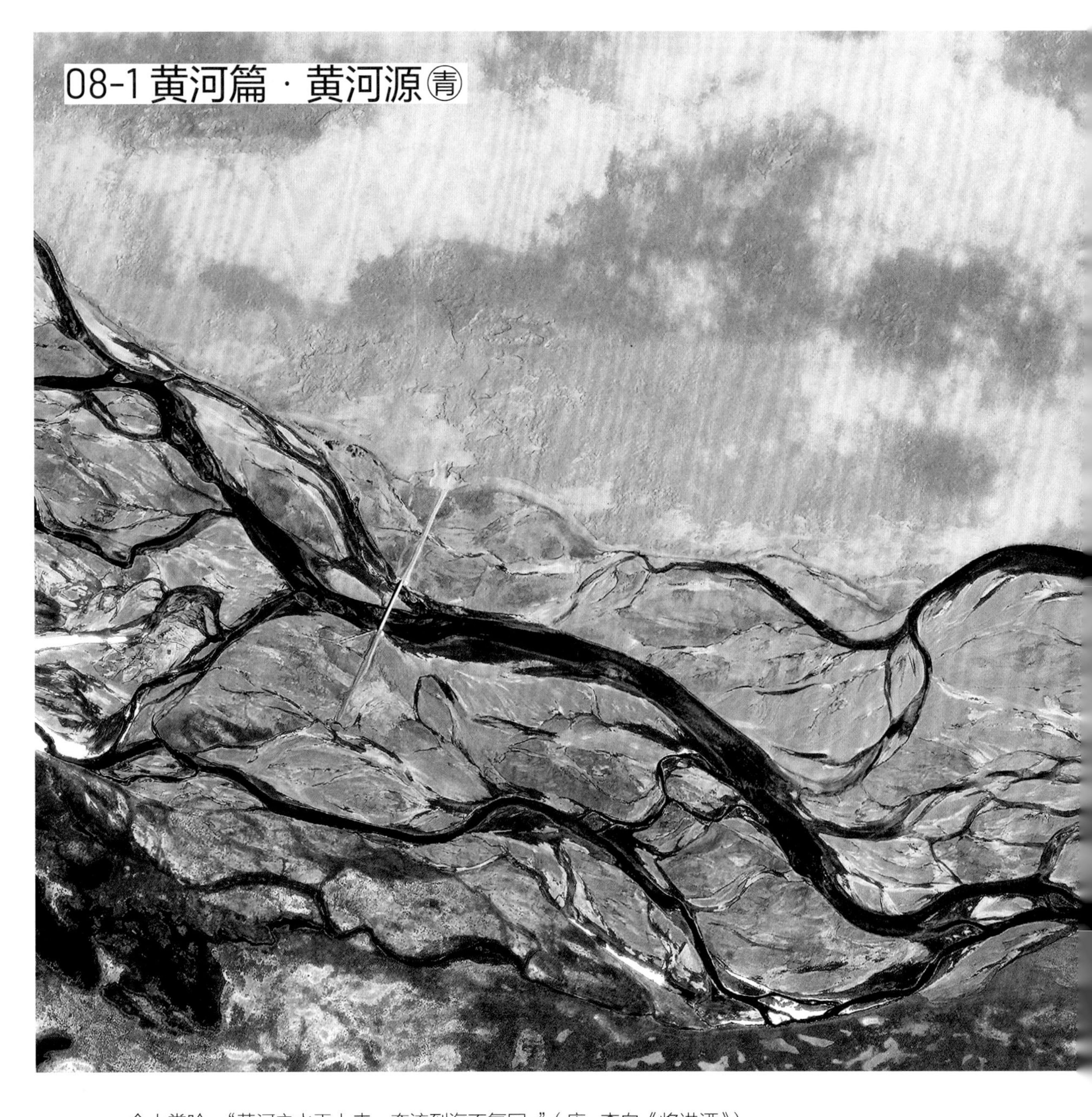

今人常吟："黄河之水天上来，奔流到海不复回。"（唐·李白《将进酒》）

而如此浪漫壮丽的景象，正源自中国的"母亲河"——黄河。

数百万年前，随着青藏高原与黄土高原不断隆起，

彼此独立的湖泊水系，逐渐串联起来，

最后聚集成巨大的水流，切割大地，咆哮而下，黄河便由此诞生。

它从青海巴颜喀拉山缓缓而来，

呈"几"字形流经中国 9 个省市，

长达 5464 千米，造就了无数湿地。

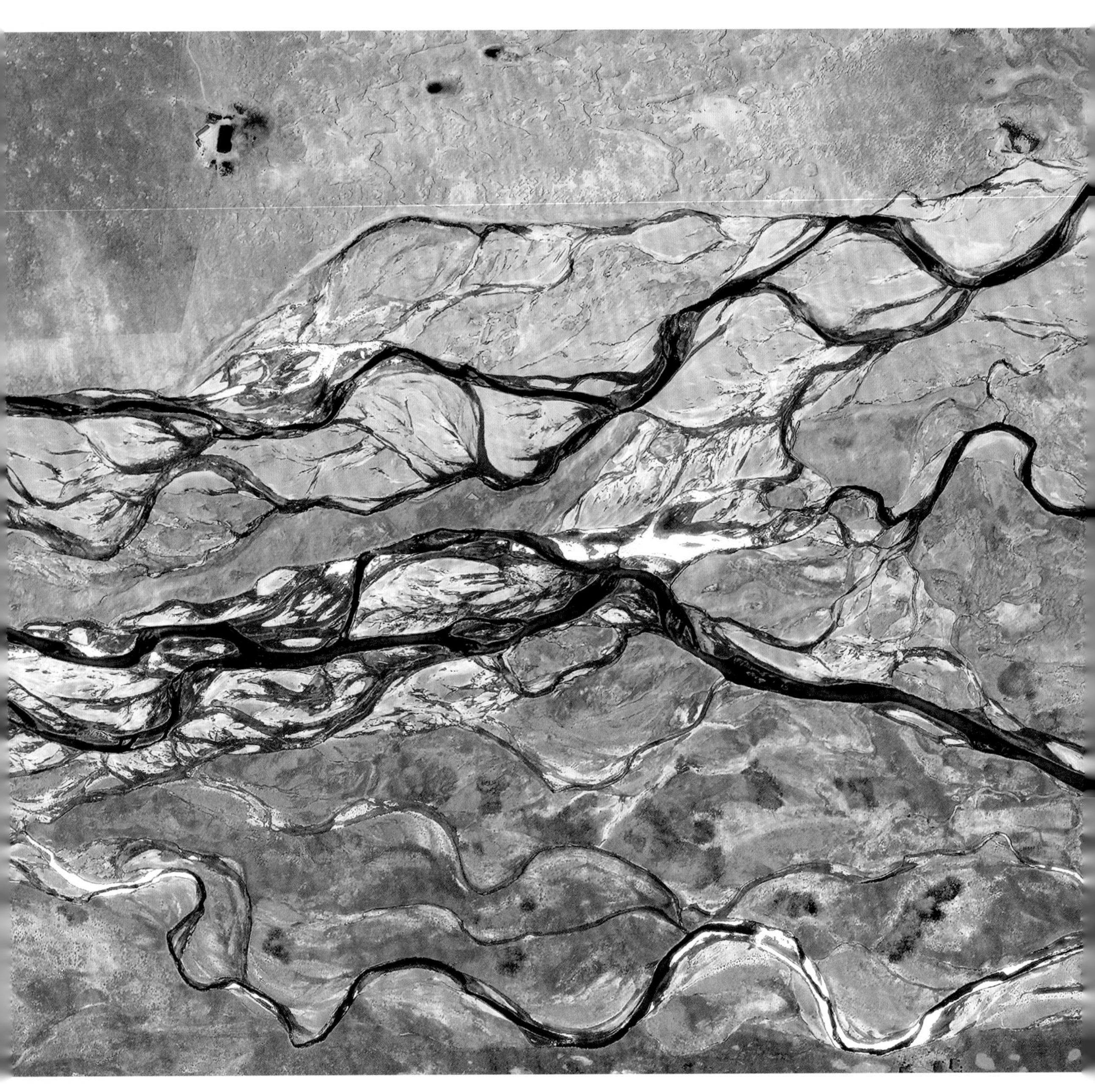

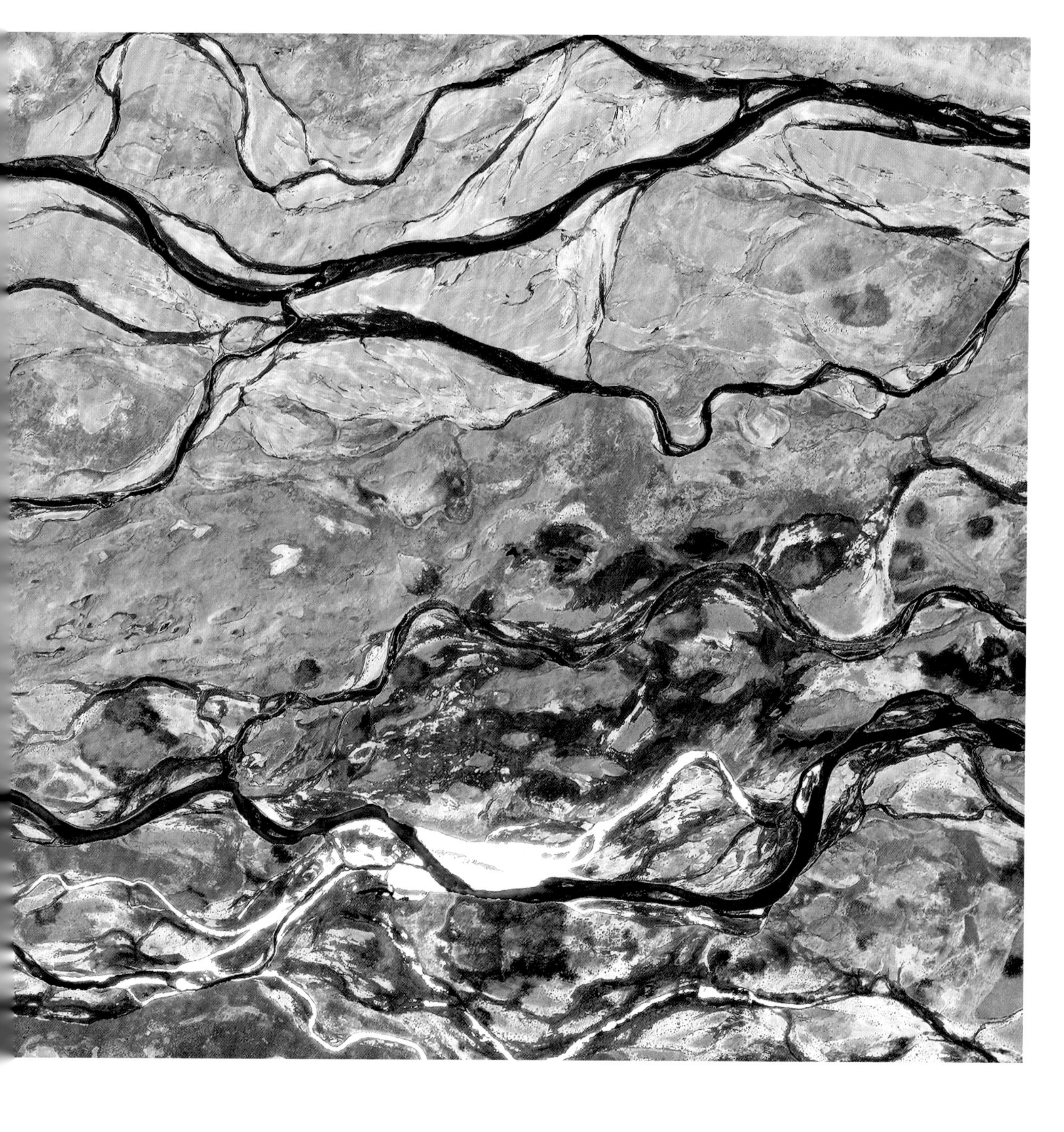

扫码查看
高清壁纸图

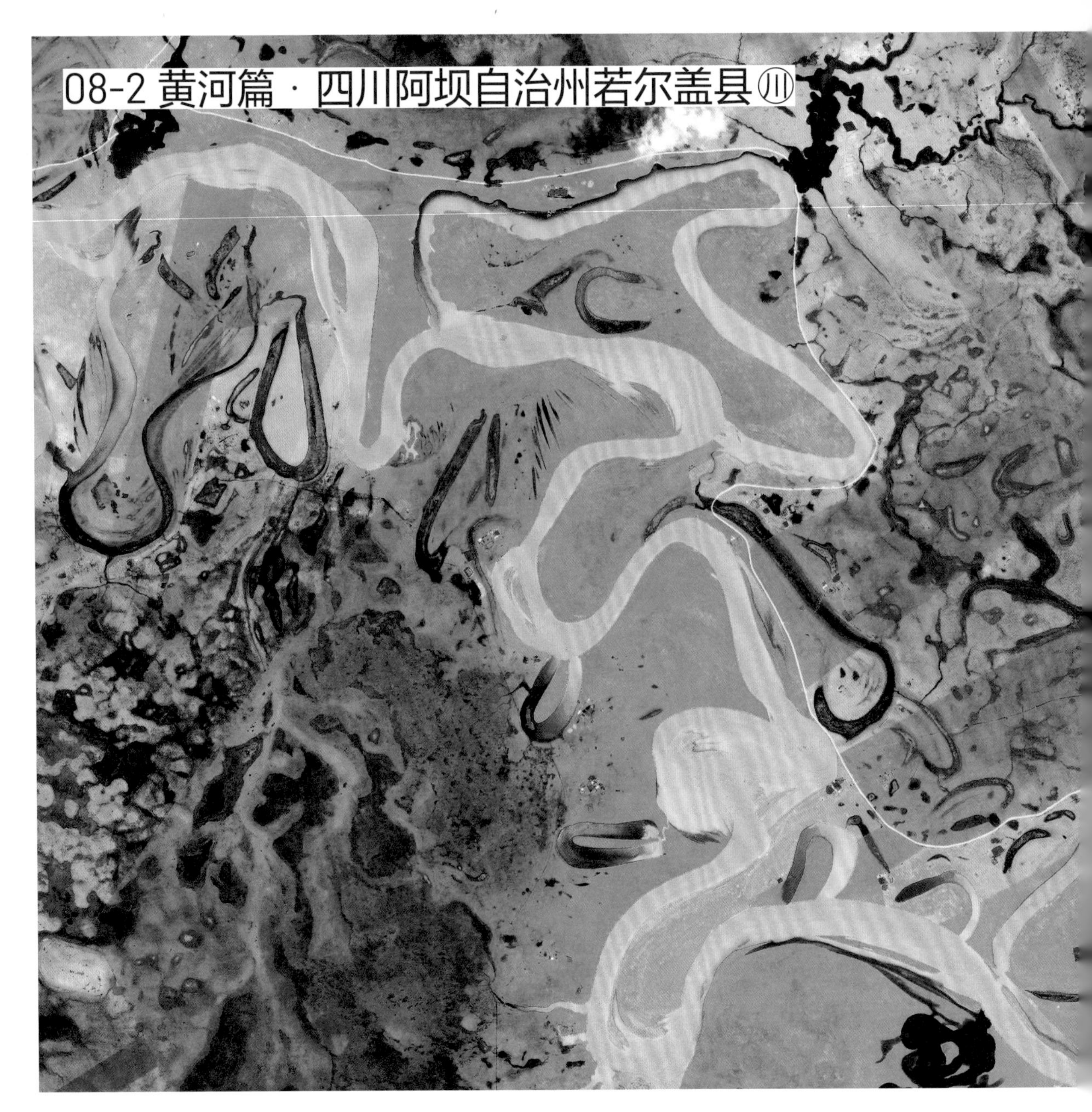
08-2 黄河篇 · 四川阿坝自治州若尔盖县㊂

位于上游的甘肃玛曲水源涵养区，草色青青、山花烂漫，
位于中下游的河南孟津黄河湿地，鹤声阵阵、万羽竞翔，
在山东东营，黄河终于奔入大海，
形成了“黄蓝交汇”的奇观美景，
携带的泥沙堆积着新的土地。
在古代，黄河沿线形成的冲积平原利于种植，
我们的祖先于此劳动生息，创造出灿烂夺目的古文明，
其影响之大，成为中华民族的象征之一。

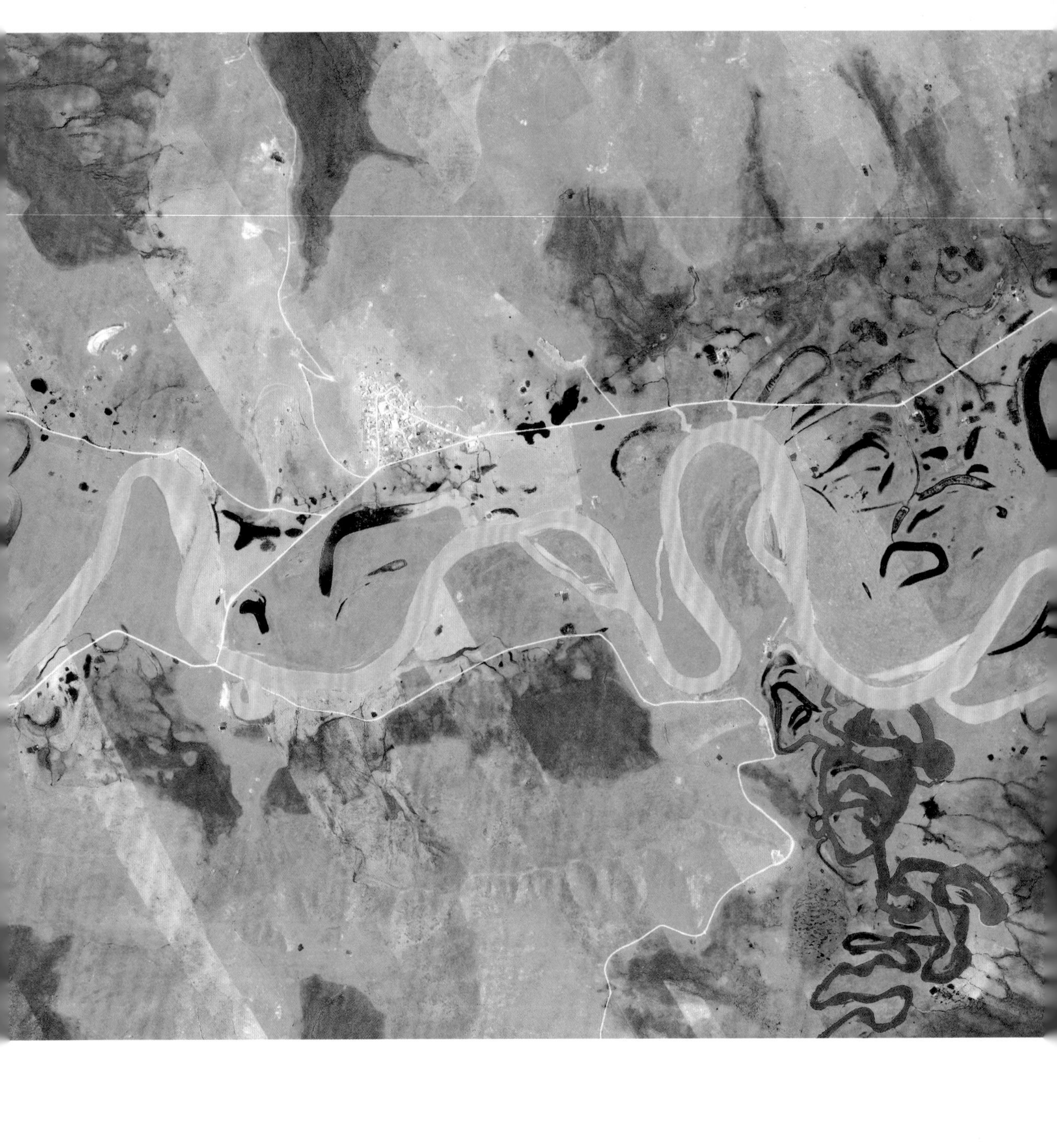

扫码查看
高清壁纸图

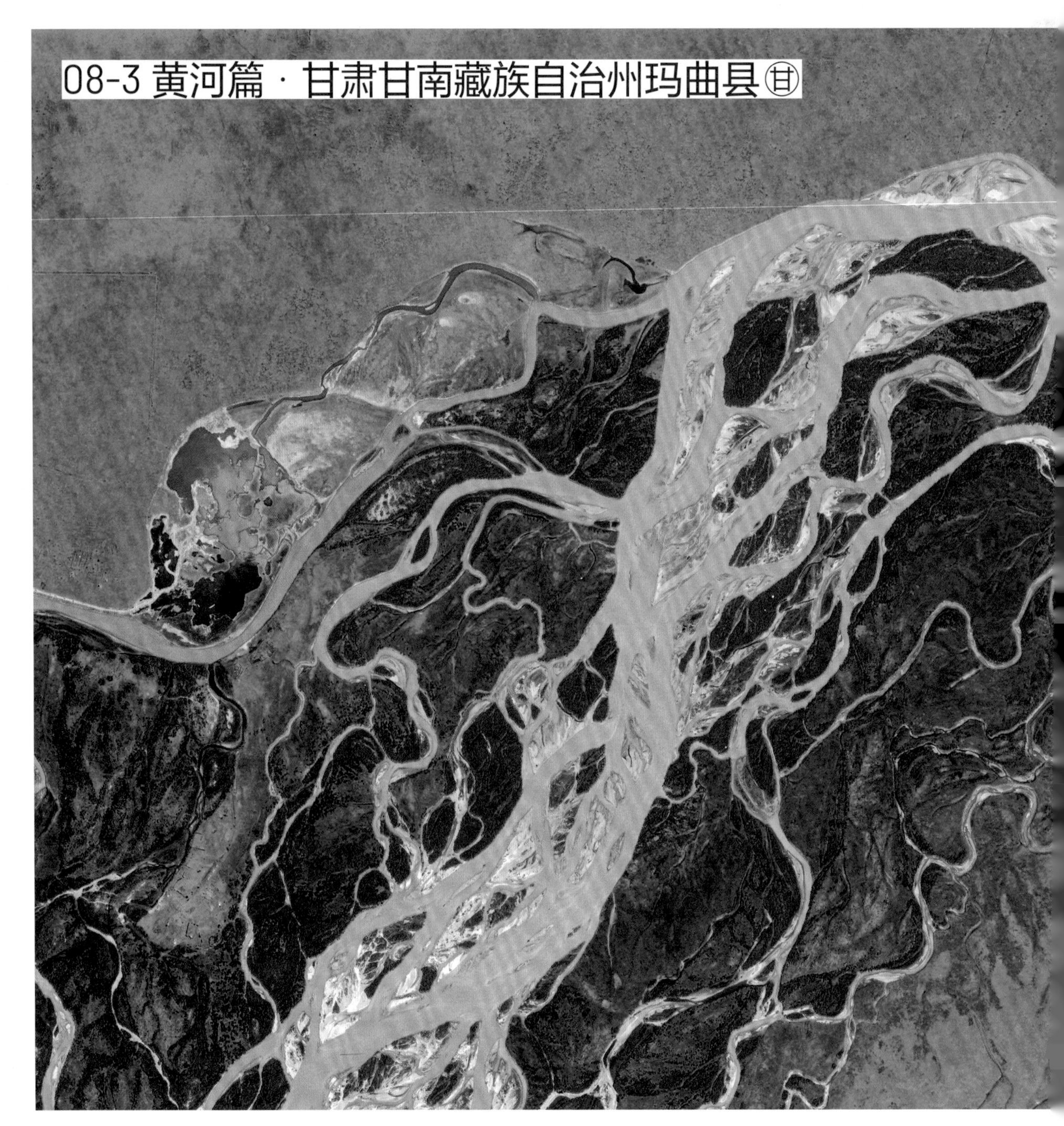
08-3 黄河篇 · 甘肃甘南藏族自治州玛曲县㊙

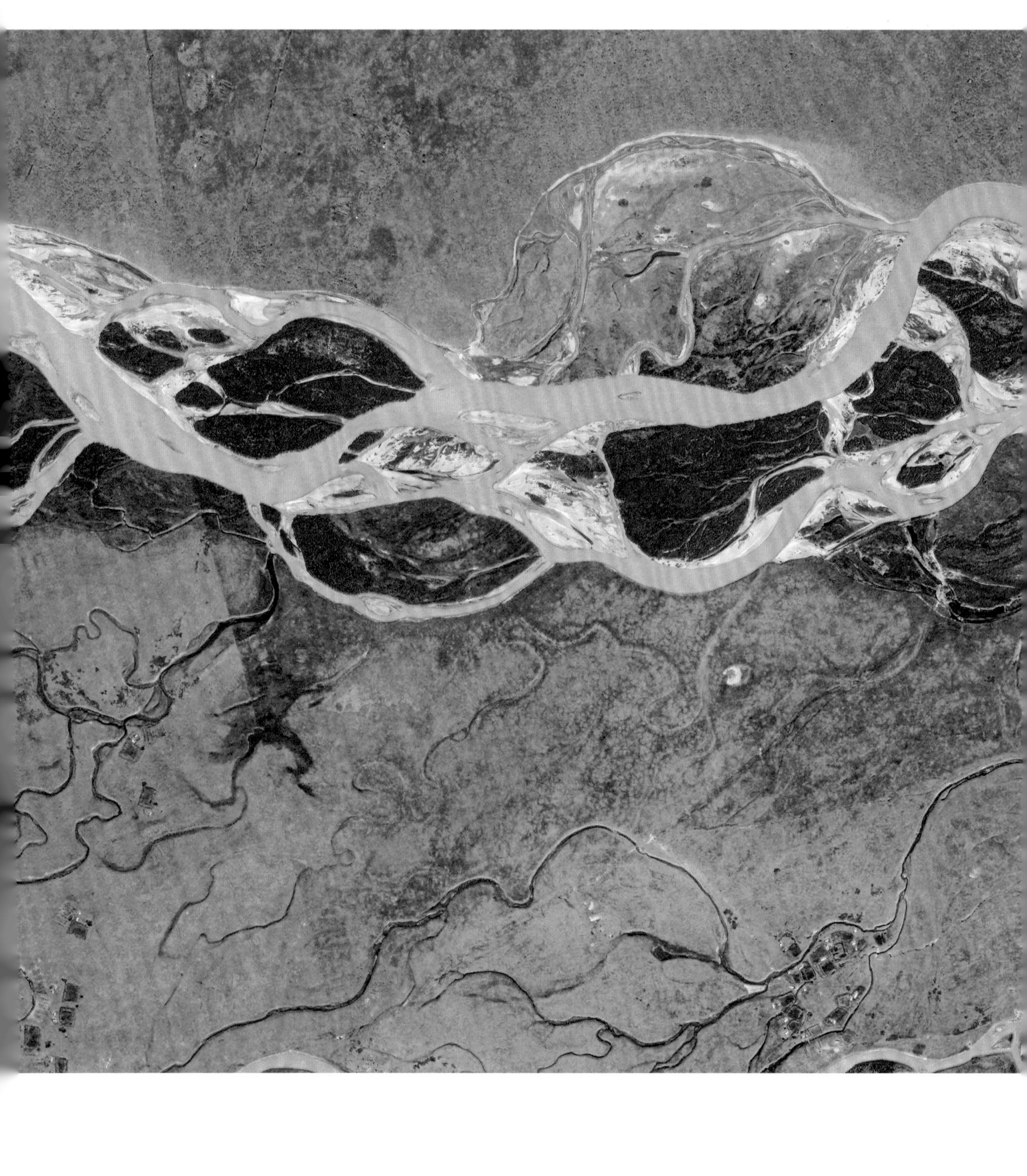

08-4 黄河篇 · 河南洛阳孟津县㊮

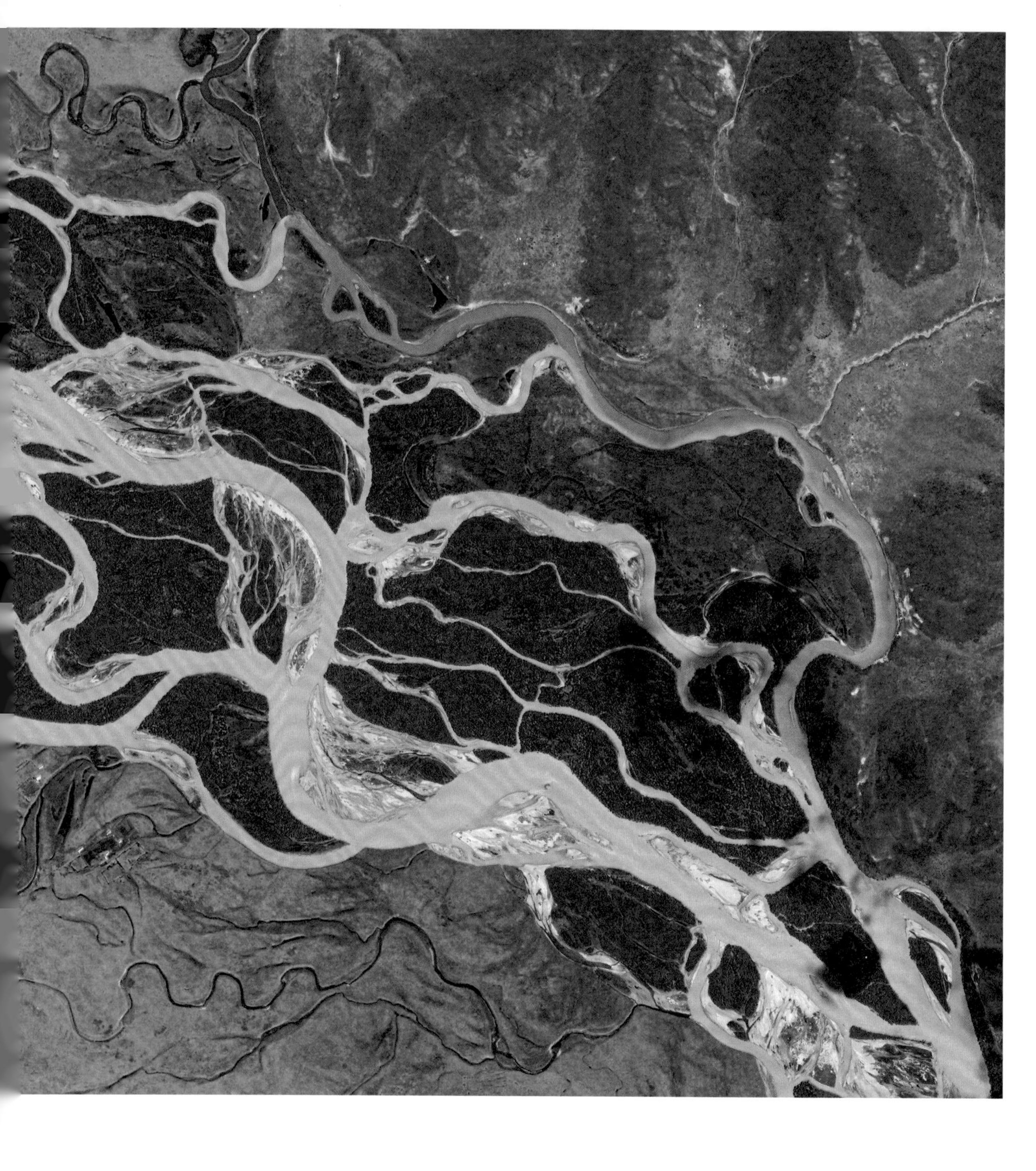

扫码查看
高清壁纸图

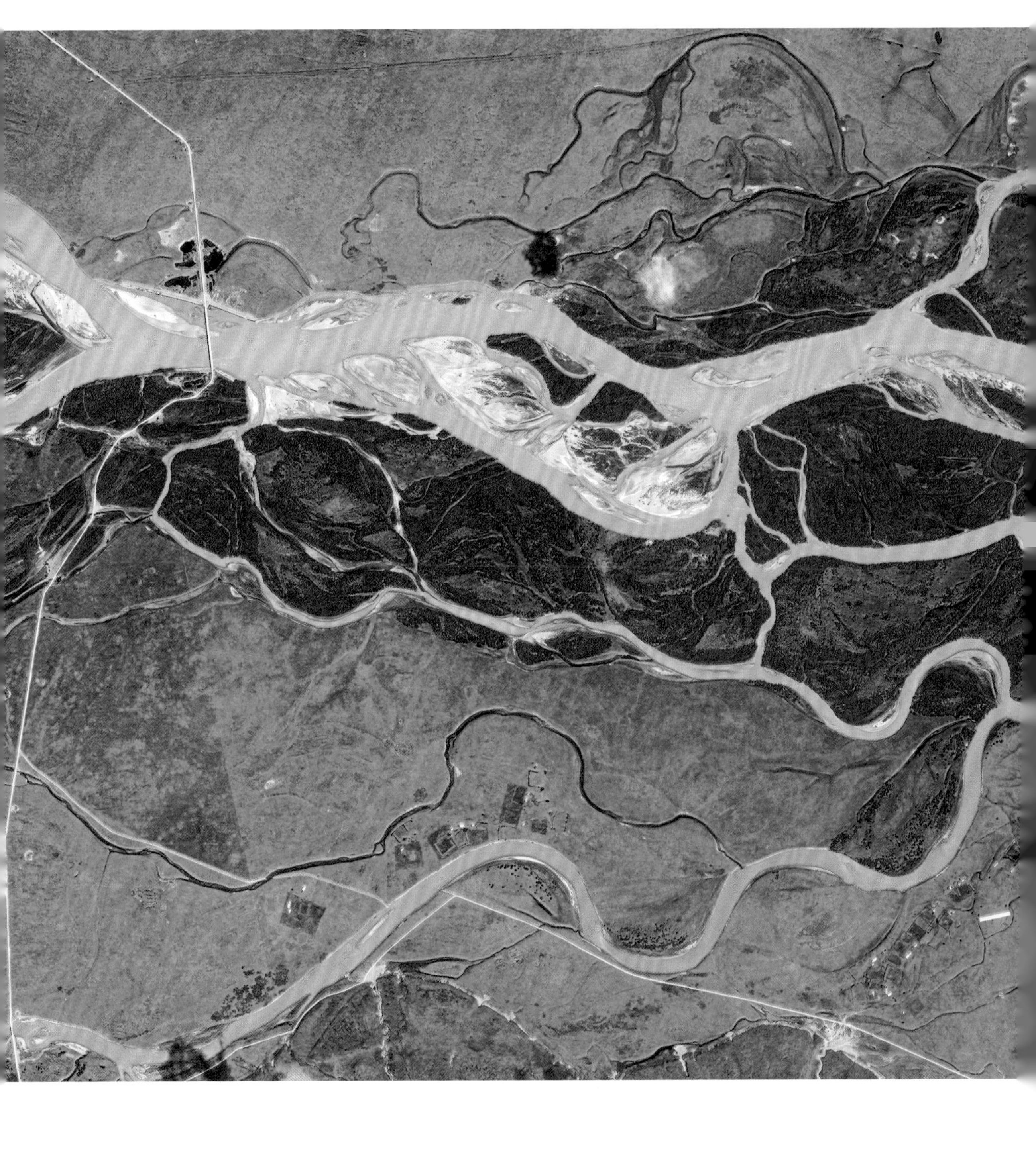

08-5 黄河篇 · 黄河入海口㊮

黄河入海口位于山东省东营市东南部，距离市区约 30 千米。

这里是黄河与渤海相交的地方，

黄河的泥沙在这里与海水混合，

形成了一幅壮观的景象。

这里拥有一片广袤的滨海滩涂和河口湿地，

生长着一望无际的芦苇和“红地毯”。

这里也是各种候鸟栖息的天堂，

可以观赏到丹顶鹤、天鹅等鸟类的优美身姿，

在这里还可以看动人的日出，

欣赏绝美的日落画面。

扫码查看
高清壁纸图

09 查干湖（吉）

发源于大兴安岭的霍林河，
在吉林东北部的松嫩平原上蜿蜒，
由于地势平坦、排水不畅，
外加东北部青山头的阻挡，
导致淤塞的积水形成了堰塞湖——查干湖，
是吉林省内最大的天然湖泊。

此地位于北纬 40° 以上，冬季严寒漫长，
结冰的湖面下游荡着数十种鱼类，
孕育出了当地特色的冬捕习俗。
每年 12 月份，渔夫们喊着号子将成千上万斤鱼拉出水面，
场面非常壮观。
除此之外，这里林木蓊郁、水草丰美，
也是鸟类繁衍生息的乐园。

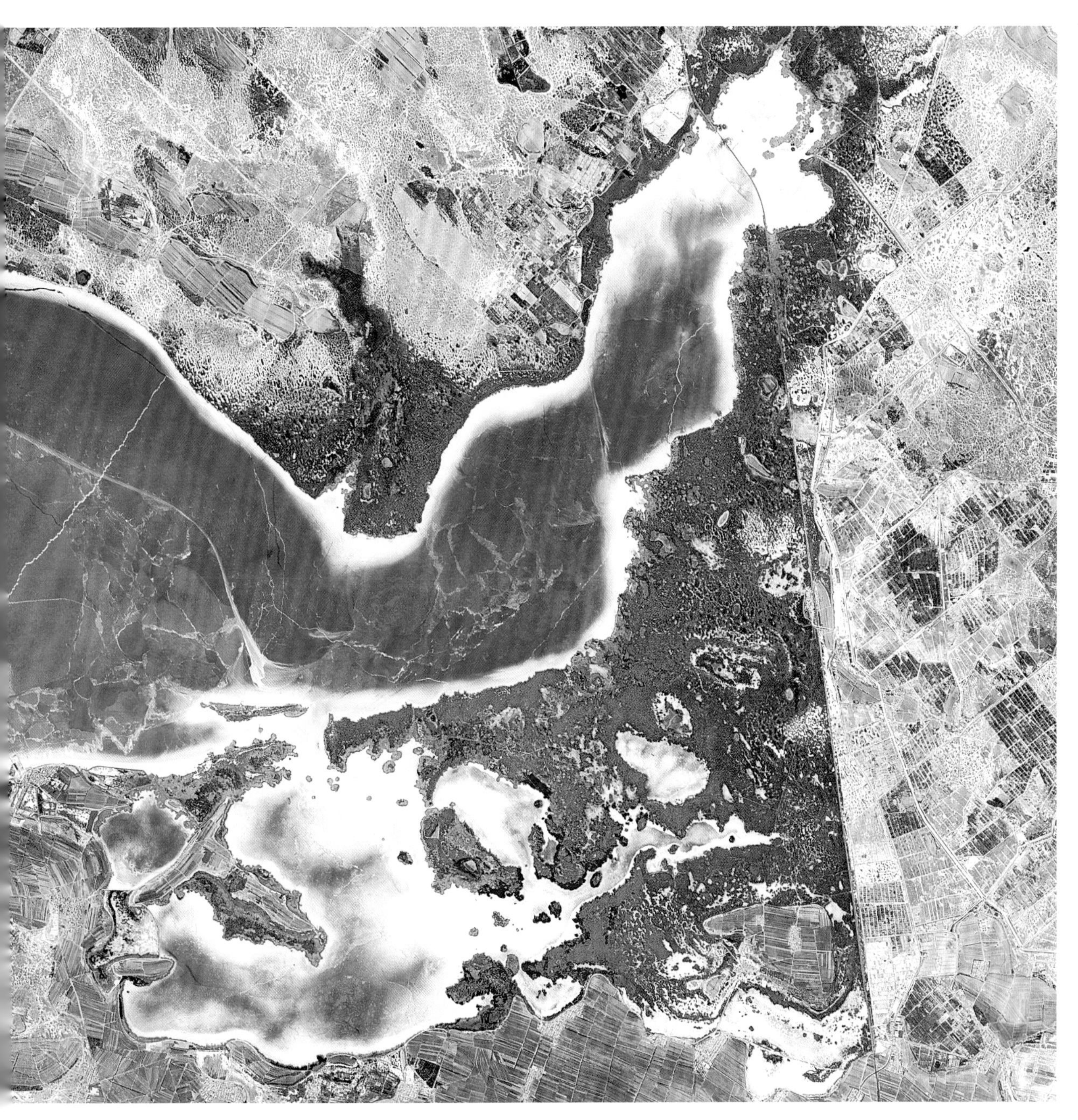

10 张掖丹霞(甘)

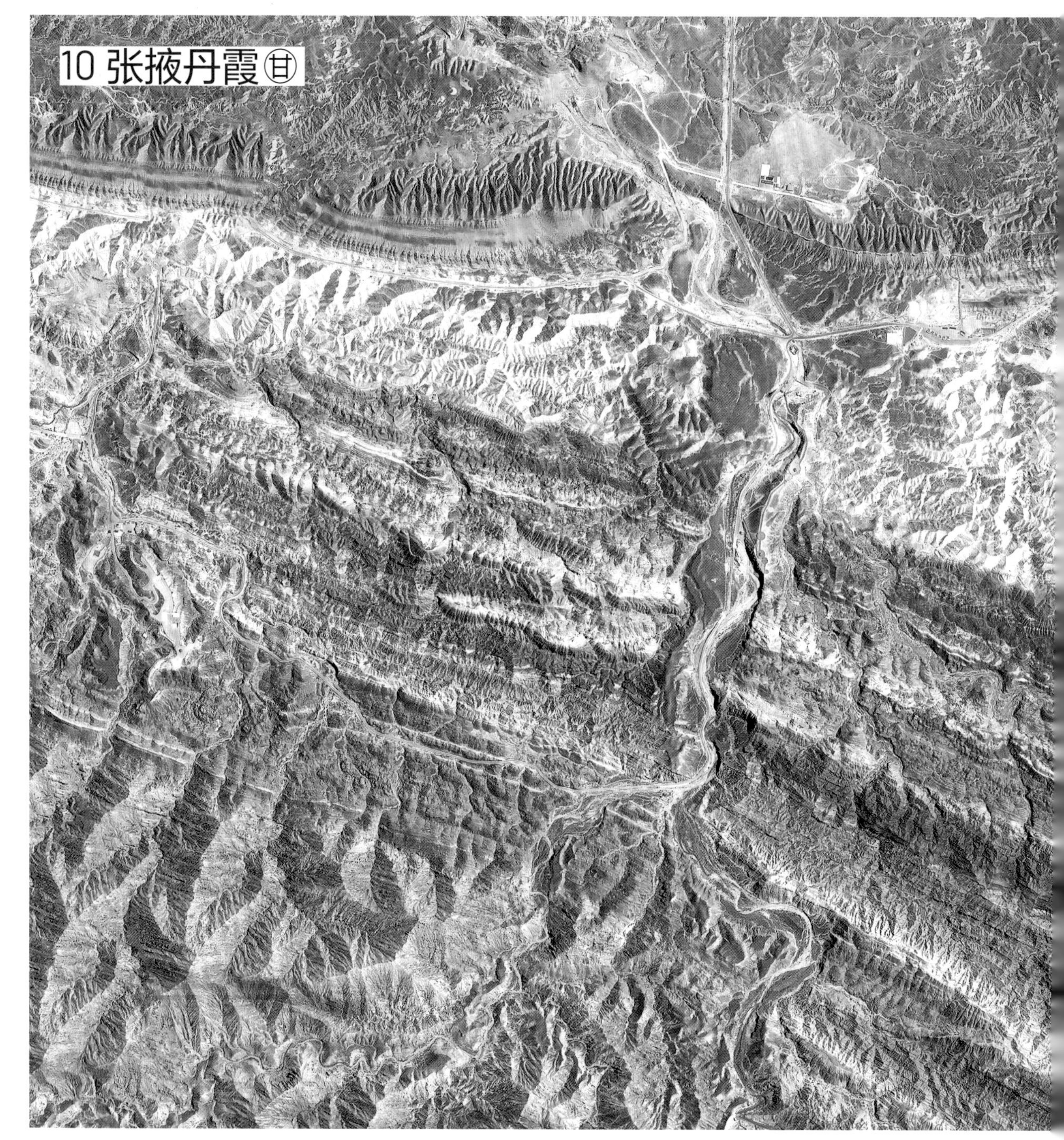

上亿年前，流水堆积的砂石泥土，

于甘肃张掖形成了厚厚的红色地层，

那些质地较软的岩土，在风化剥离和流水侵蚀下，

被打磨成座座矮丘，

不同矿物质层层叠叠，

波浪起伏，灿若霓虹。

而质地更加坚硬的红色砂岩和砾岩，

形成四壁陡立的丹霞地貌，

如刀削斧劈，直刺苍穹，

火红的颜色颇显壮观。

11 火焰山㊣

火焰山位于吐鲁番盆地北缘，
是天山东部的一处褶皱低丘。
火红的颜色与超高的温度，
造就了它的威名。
由于火焰山地处欧亚大陆腹地，
东来的湿润气团无力进入，
西来的大西洋水汽又被天山阻隔，
这里形成了极为干旱的气候，
地表干燥裸露。
而低洼的盆地与山地高差较大，
气流下沉的过程中迅速升温，
炙热的气流在此蒸腾难以消散，
最高地表温度曾达 89℃，令人错愕。
砂石泥土中的铁元素，
经过高温氧化形成了大量红色地层，
让火焰山的神奇色彩更为浓郁。
《西游记》中便曾以此处为背景，
想象出了脍炙人口的孙悟空三借芭蕉扇的故事。

扫码查看
高清壁纸图

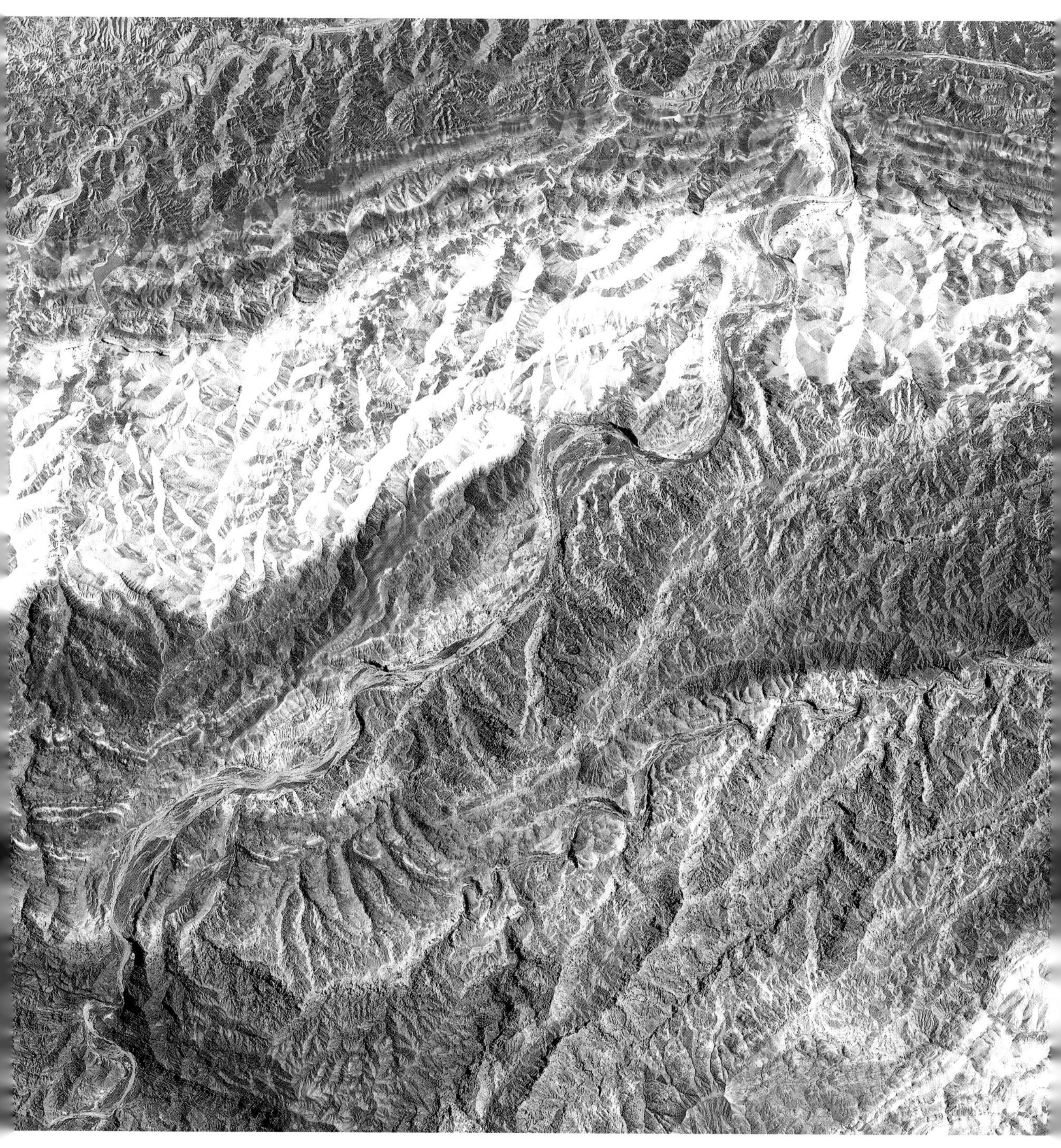

这些丘陵山地被统称为“七彩丹霞”，
覆盖方圆 50 平方千米的土地，
是国内名气最大的丹霞地貌之一，
也是国内唯一的丹霞地貌与彩色丘陵复合区，
见证着甘肃山河的奇异瑰丽。

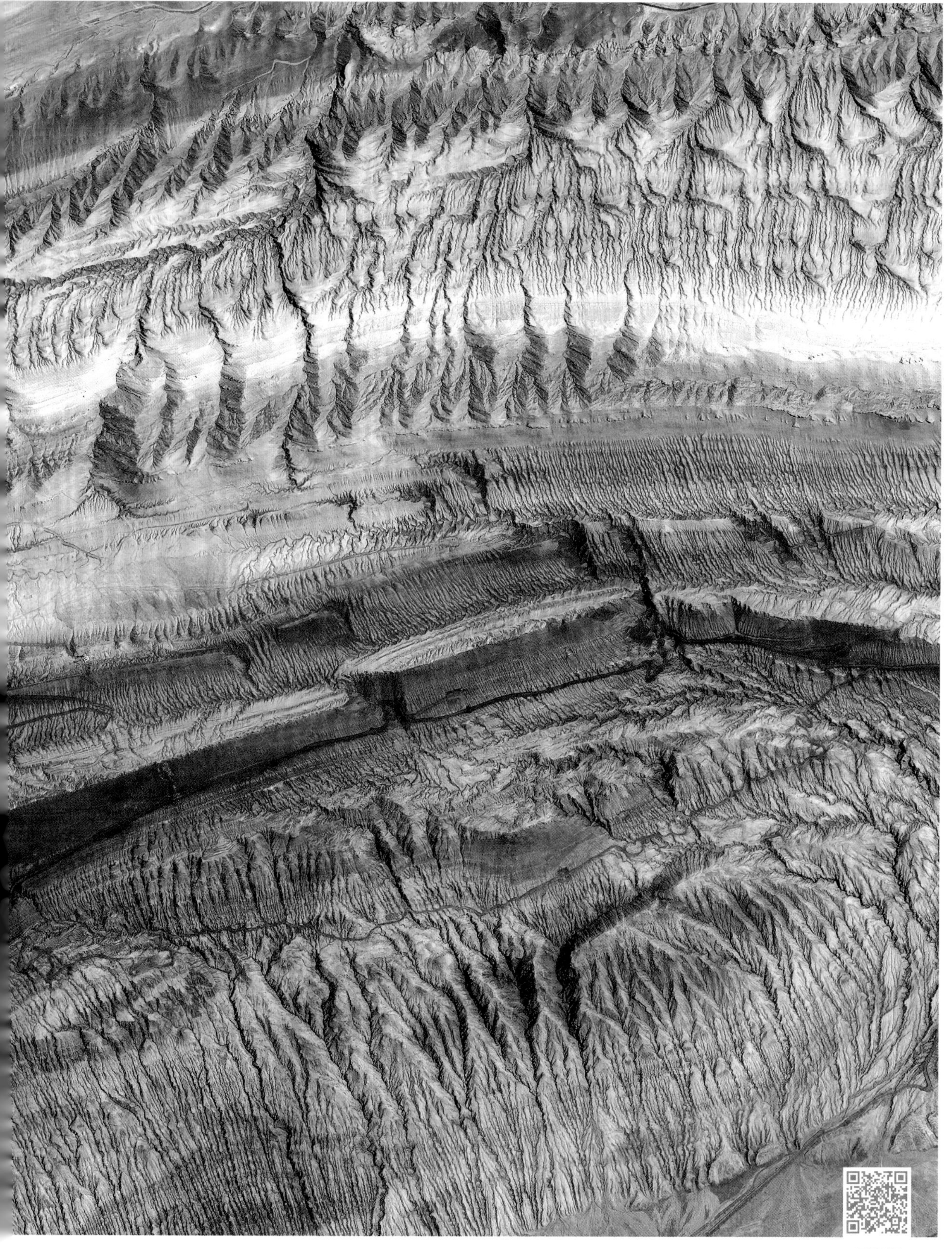

扫码查看
高清壁纸图

12 博孜阿迪尔塔格山 ㊩

连绵不绝的红山群，
位于新疆阿克陶县，
地处中国昆仑山最高峰公格尔山西脉。
曾经在强氧化环境中堆积而成的红色沉积岩层，
历经亿万年的冰川与风化侵蚀，
形成怪石嶙峋的红山谷，
谷中几乎寸草不生，
只有形状各异的红色岩体。
当你从高空俯瞰而去，
巨大的红山棱角分明，
犹如根根暴起的红色筋脉，
彰显着令人惊艳的大地力量。

072

13 盘锦红海滩㊣

辽宁省的母亲河——辽河，
在奔流 1345 千米后
从盘锦汇入渤海。
它从东北内陆带来富含有机质的泥沙，
在涨落无止的海潮中沉积，
不断延伸成陆，
形成 100 多万亩的河口滩涂湿地。
海水的浸润使滩涂土壤高度盐碱化，
碱蓬草——一种适应盐碱环境的苇草，
开始在盘锦的海滩上疯长。
它是一年生的植物，
春季初长时即为鲜红之色，
待到深秋成熟时，
便转变为无垠的火红，
在大地与海洋之间划下一道斑斓的分界线。

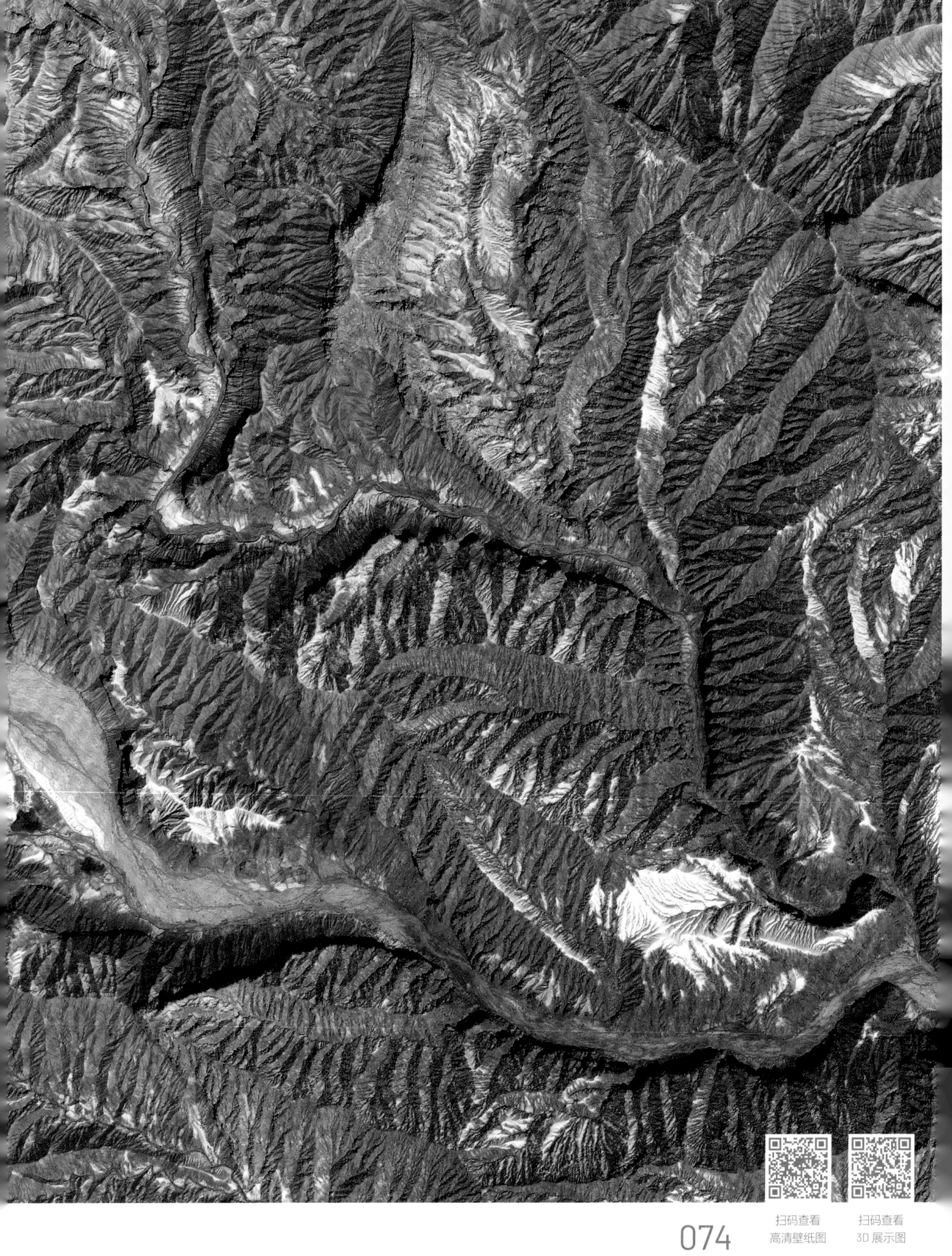
扫码查看
高清壁纸图
扫码查看
3D 展示图

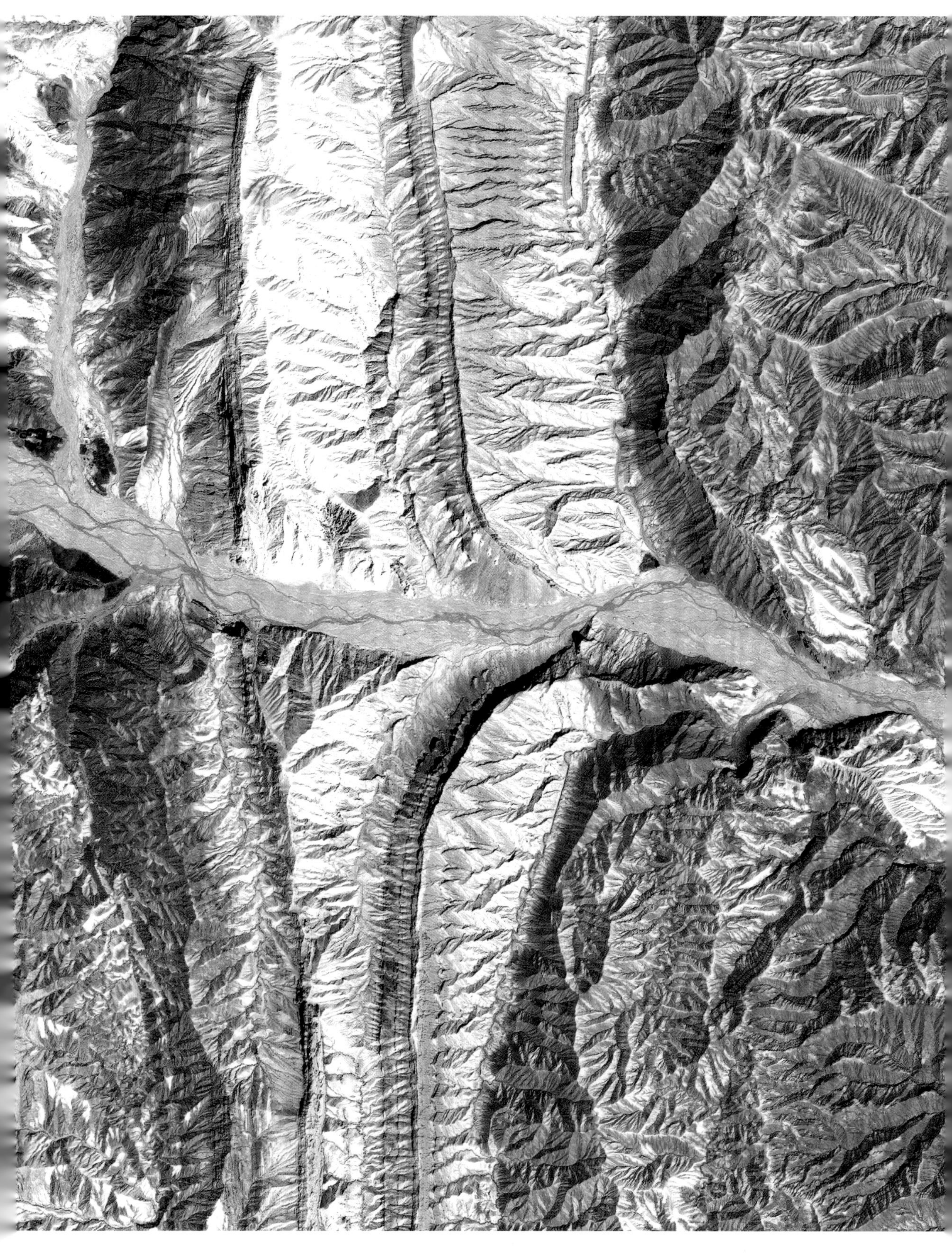

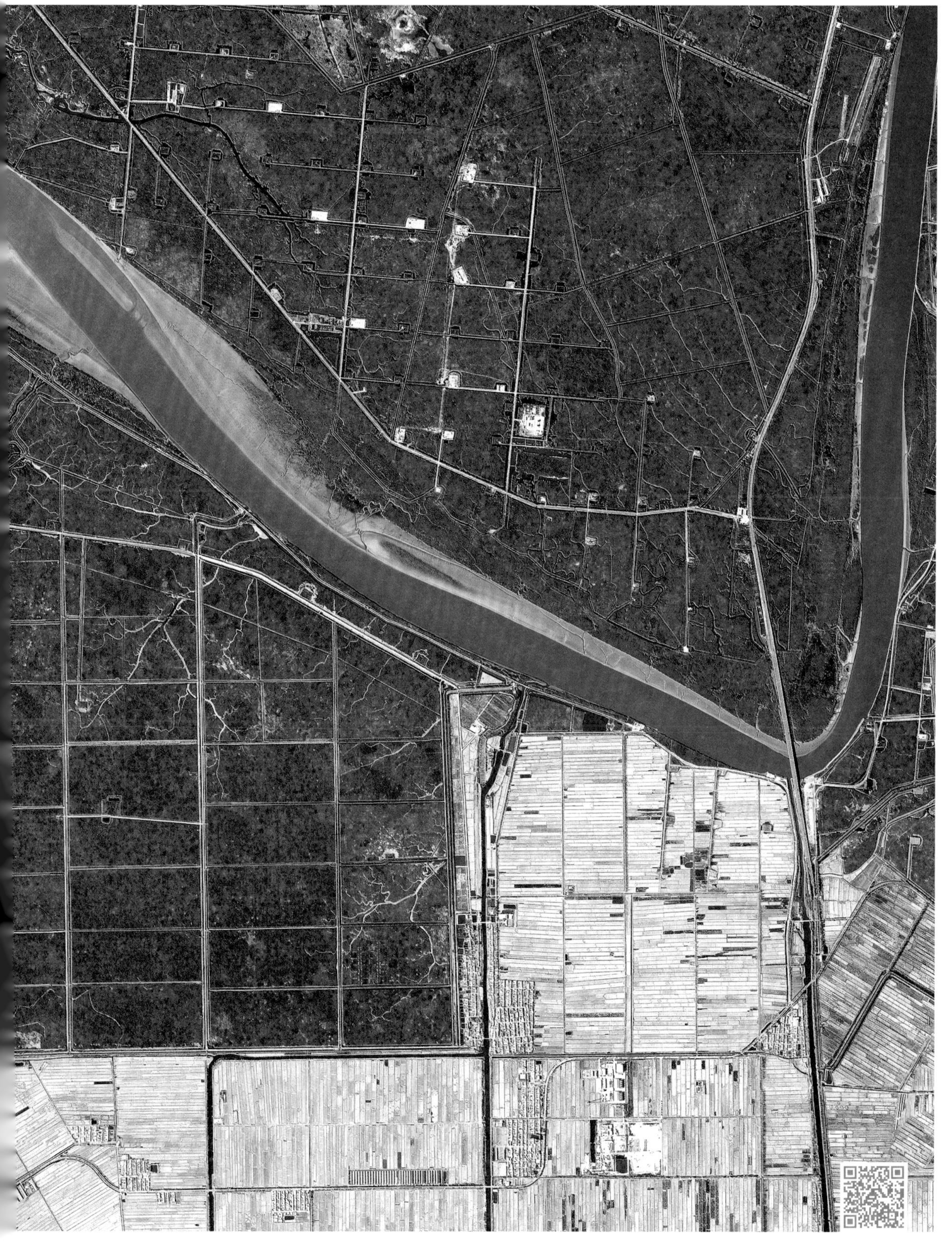

扫码查看
高清壁纸图

14 柯坪县红沙漠 (疆)

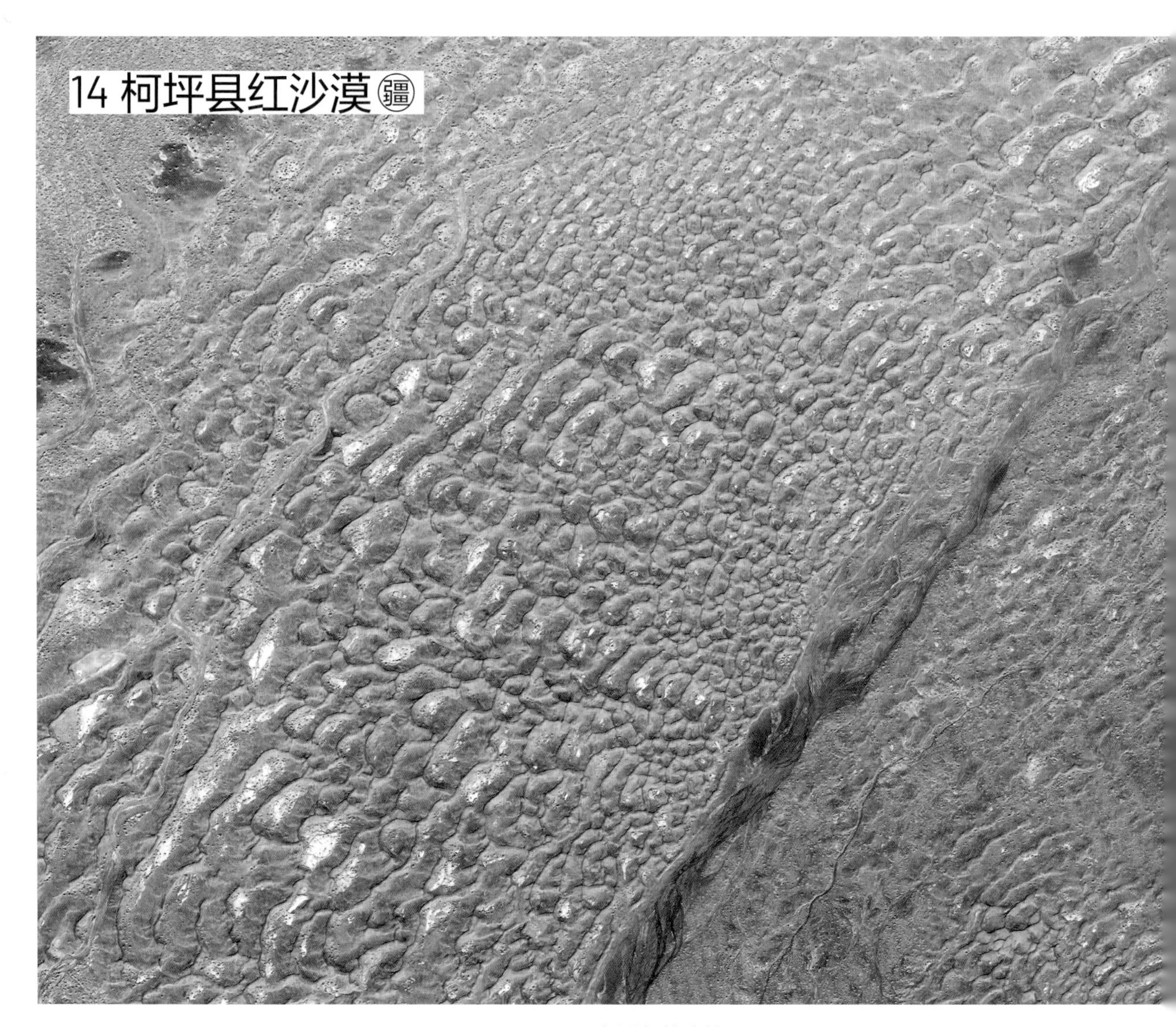

历经漫长的吹蚀，

这里的红色砂岩已变为柔软的细沙，

被大风堆积成了壮阔的红沙漠景观。

该景观位于阿克苏地区柯坪县，

其北部是雄浑巍峨的天山，

南部是浩瀚无垠的塔克拉玛干沙漠，

红沙漠盘踞其中，

与五彩的山川共同编织出五彩的丝带，

铺陈在天地间，

成为当地的特色地标之一，

吸引着无数人前来探索这片神秘地带。

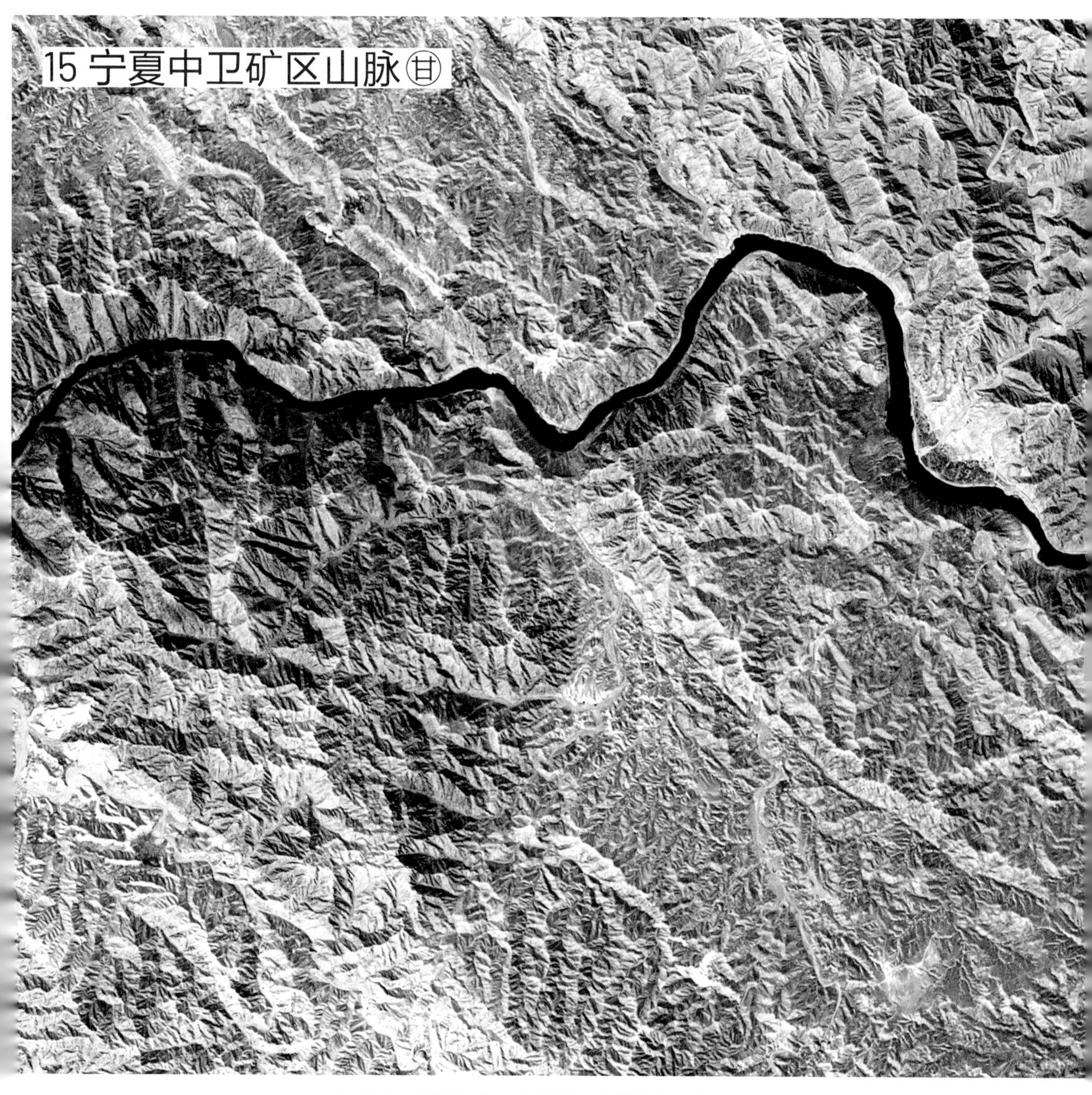

处于宁夏平原与黄土高原过渡地带的中卫市，

是黄河进入宁夏的第一站。

这里地形复杂而崎岖，

连绵的山地夹峙着黄河沿岸的肥沃土壤。

频繁激烈的造山运动，

为群山万壑带来了丰富的矿藏。

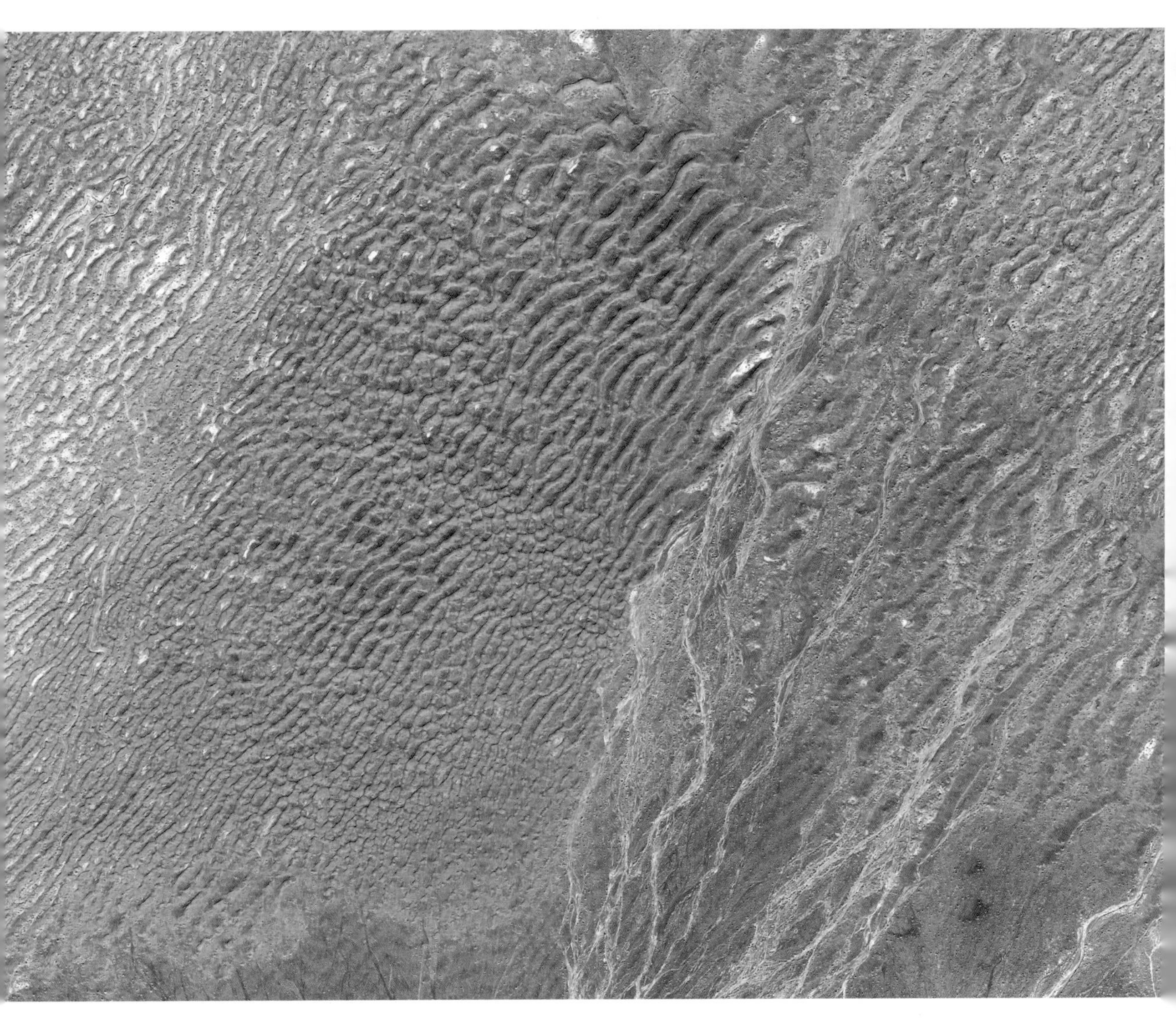

扫码查看
高清壁纸图

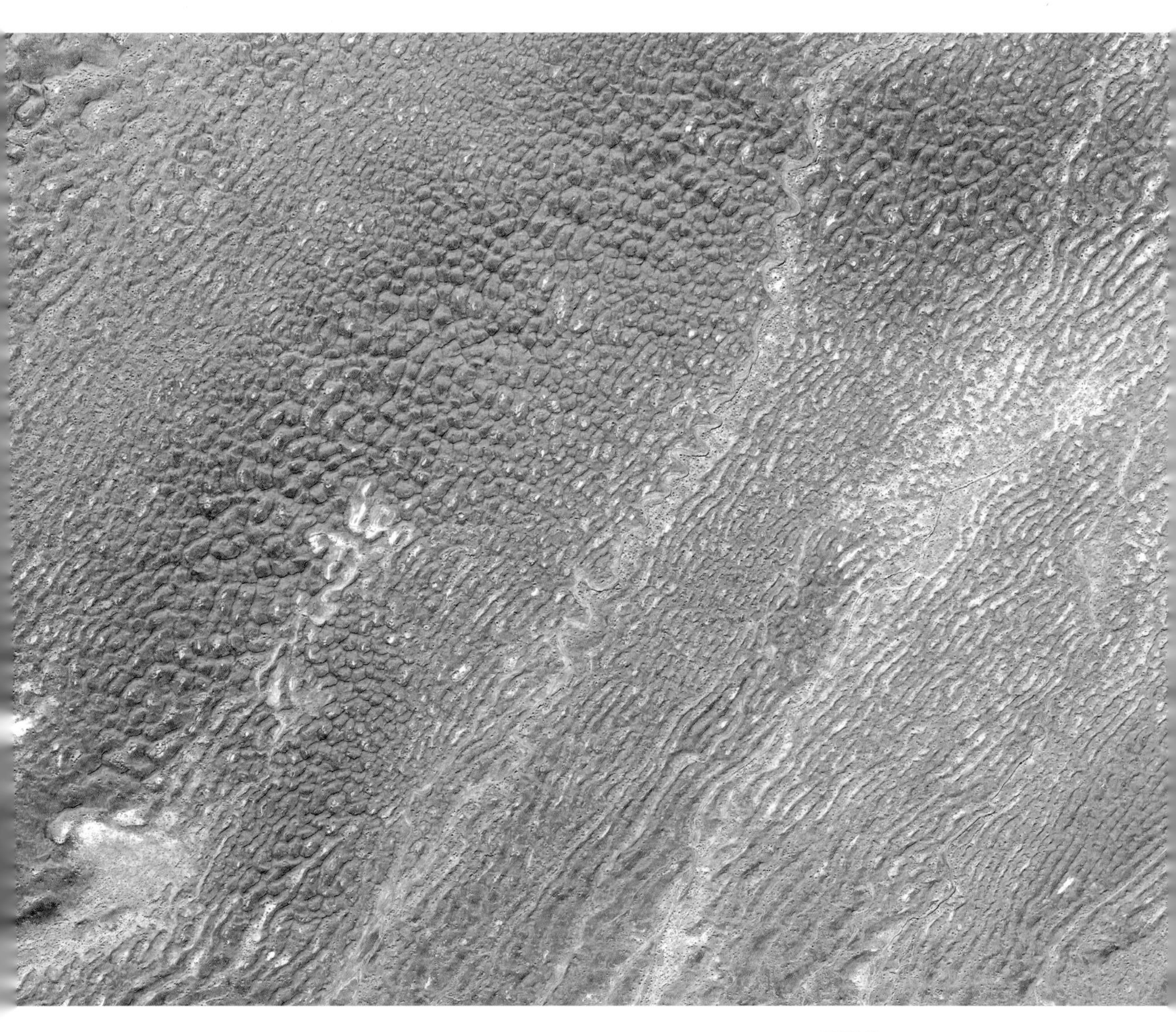

30 多种矿产，

遍布于近 200 处大小矿床。

这里的煤矿，

分布面积广大、品质也极为优良，

低灰、低硫、低磷、无烟，

被誉为“天下第一煤”，

还有石膏、铁矿、铜矿、金矿等数不尽的宝藏，

统统隐藏于山河的最深处。

16 三角形 · 南沙群岛牛轭礁㊄

绵延千里的南沙群岛，
每一座岛礁都极具特色。
形状奇特的牛轭礁，
位于南沙群岛之九章群礁的东北角，
形如一个奔放的“人”字，又好似耕田所用的牛轭，因而得名。
每逢低潮时，牛轭礁的礁盘出露于水面，“人”字内部的夹角处，
白色的沙滩向海中铺开。而它最神奇的地方，
在于西南侧的开口上，
它的礁盘与周边各礁在海面之下相连，
共同围合出一个庞大的潟湖，
这是茫茫南海之上，难得的风平浪静之地。
也正因如此，牛轭礁自古以来都是
南海渔民的避风良港。

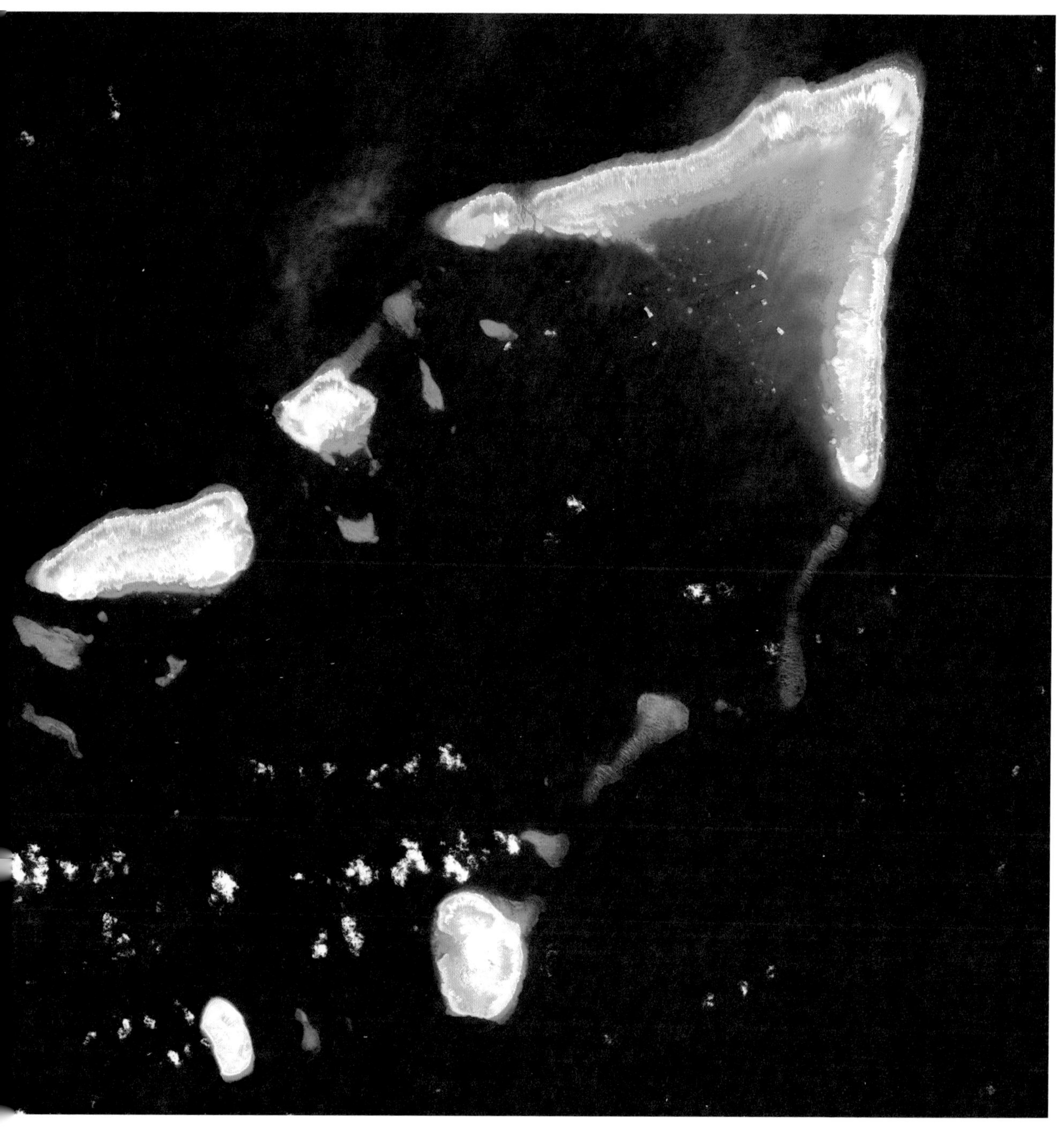

扫码查看
高清壁纸图

17 八卦形 · 特克斯八卦城㉿疆

这可能是空间形态最奇特的中国城市。

远在新疆伊犁的特克斯县，

“八卦”符号遍布城市大街小巷。

从高空俯瞰，

城市中心的环形广场放射出八条笔直的马路，

外围的环线将它们联络起来，

浑然是一个巨大的“八卦图”。

八条主干道分别以八种卦象命名，

街道两旁的路灯、护栏、围墙，

随处可见八卦元素。

科学的路网设计令特克斯县城几乎没有红绿灯，

在这里，

红色属于屋瓦，

而绿色属于田野。

扫码查看
3D 动效图

18 扇形 · 酒泉玉门冲积扇戈壁㊙

发源于祁连山北麓的疏勒河，

蜿蜒穿行约 300 千米后，携带着泥沙从昌马峡谷喷薄而出，

随着水流减缓，于山前铺展出极为标致的大型冲积扇。

扇腰以上为戈壁，大量岩石碎屑于此分布，质量较轻的泥土继续向前冲积，形成了宜居的绿洲，

土壤肥沃、水源充足，又可避免洪水之患。

人类在此繁衍生息，农田星罗棋布，村镇拔地而起。

位于古丝绸之路上的千年古镇，

甘肃玉门便由此缘起。

19 圆形 · 昌吉呼图壁县农田㊣

这里是新疆呼图壁县，
广袤的农田上惊现一个个绿色的圆形怪
圈。这其实是一种节水型灌溉农田，在农田的
圆心架设喷灌系统，绕支轴旋转喷洒，所有的农作
物可以被完全覆盖。而这种灌溉农田，常见于干旱地
区。坐落于天山北麓的呼图壁，便属于典型的大陆性
干旱气候，年蒸发量甚至大于年降水量，部分冰川
融水也难以为继。为了解决当地的缺水问题，自
上个世纪起这里打响了“节水之战”，图中
正是当地探索的节水模式之一。

扫码查看
高清壁纸图

20 花朵形 · 儋州市洋浦湾㊢

在沿海地区，由于伸向海洋的岩层软硬程度不同，有的海岸遭到侵蚀向陆地凹进，侵蚀较弱的海岸则相对突出，它们围抱的中部海域，三面环陆，一面环海，即为海湾。

海南省著名的海湾——洋浦湾，位于儋州市西部，形似一轮新月，坐落于此的人工岛屿——海花岛，则犹如新月中突然绽放的鲜花。

随着中国自贸区的建设，洋浦作为海南自贸港桥头堡，全球各地的货轮于此汇聚，未来的发展也将令世界更加惊艳。

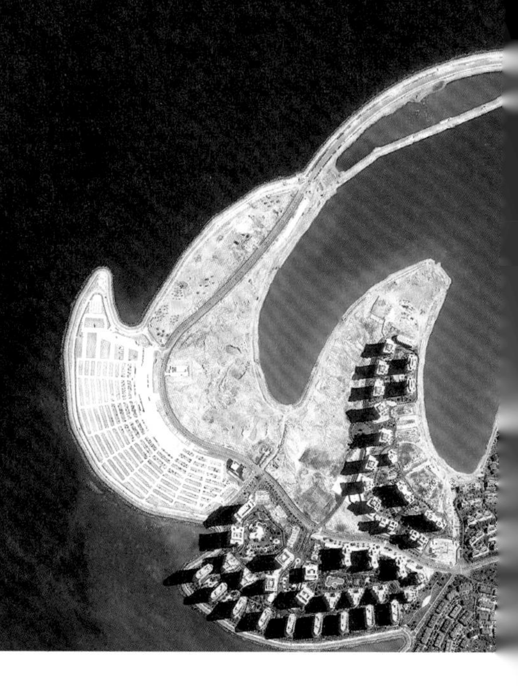

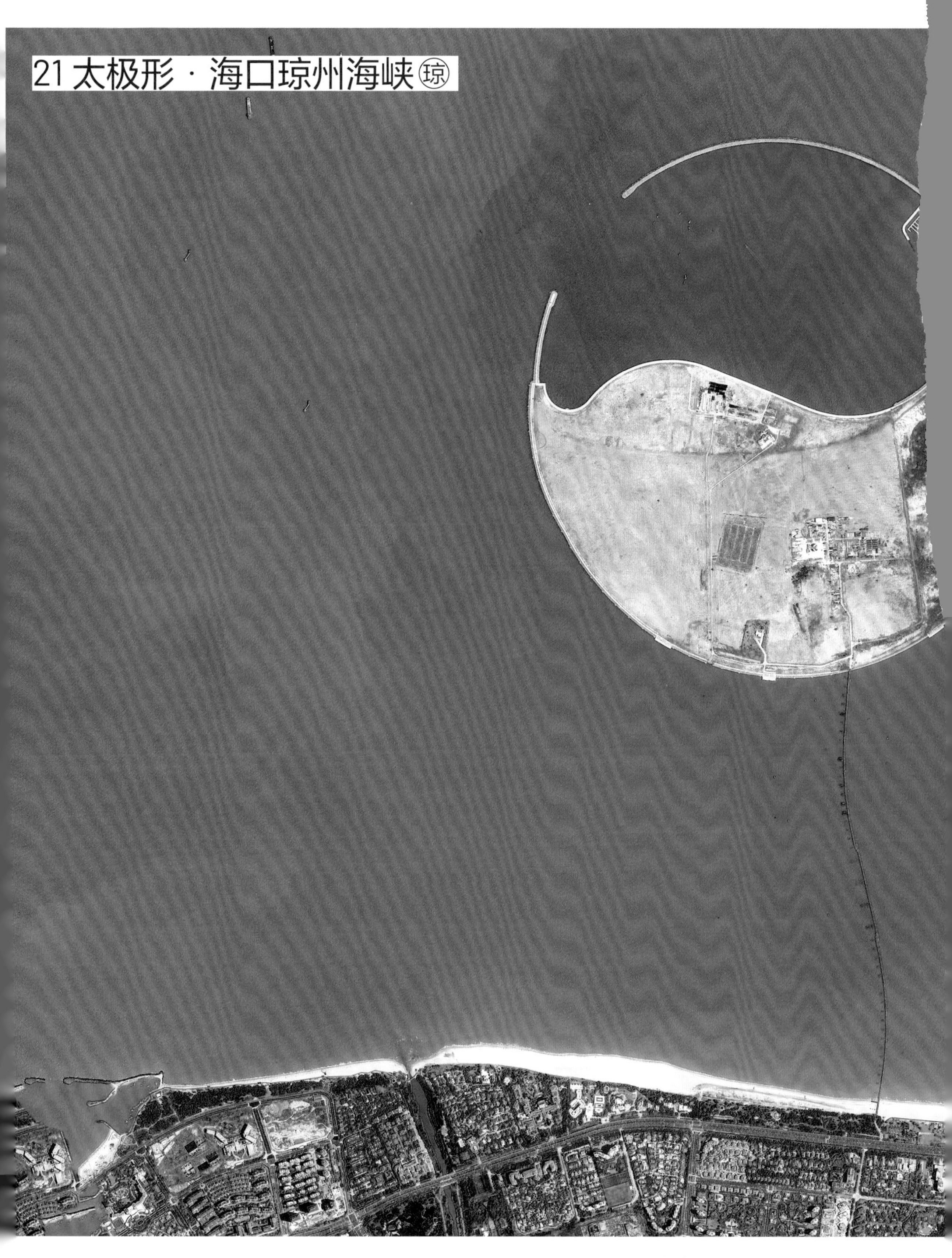
21 太极形 · 海口琼州海峡㊖

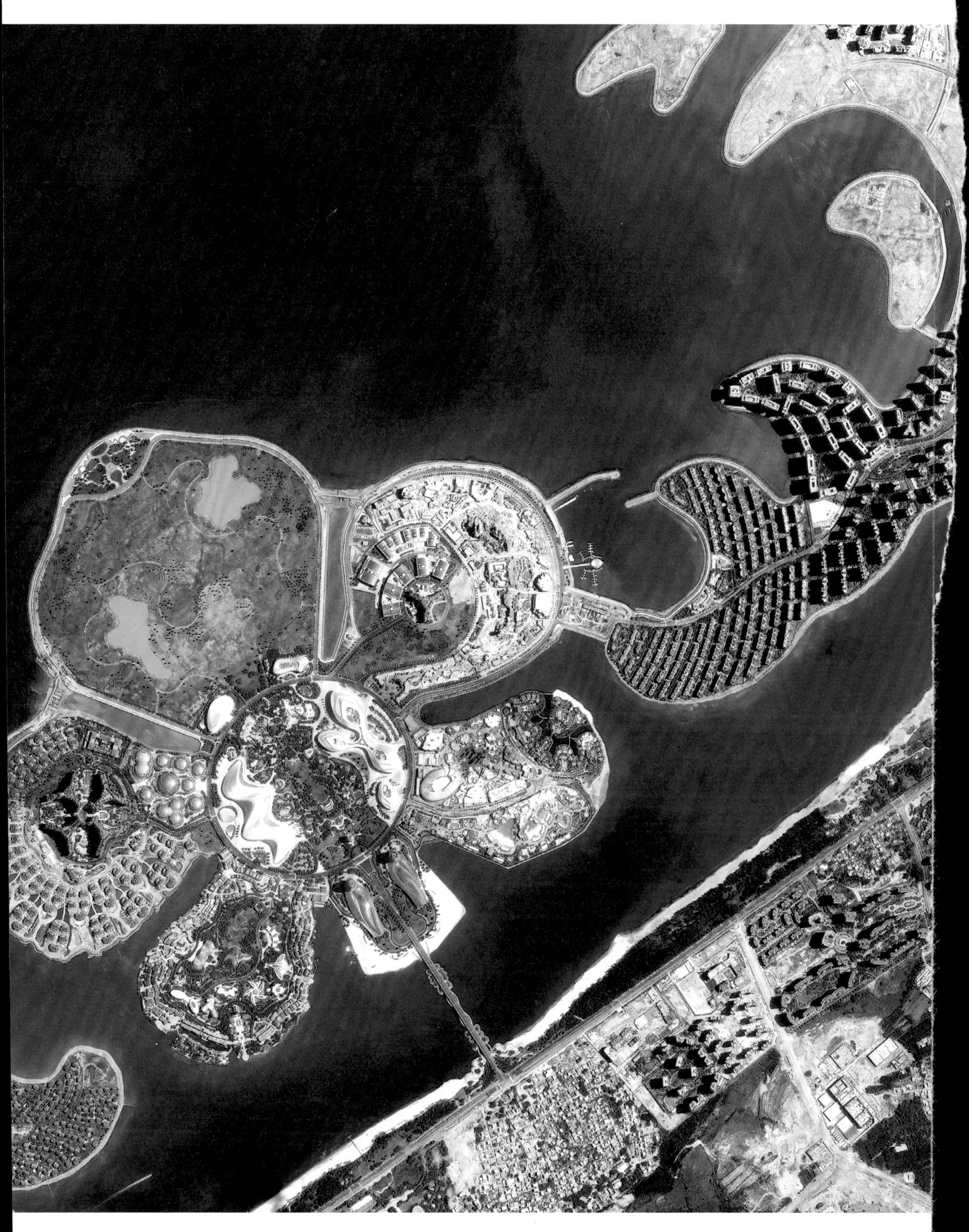

数百万年前，海南岛与雷州半岛本连为一体，由于火山活动产生断陷，琼州海峡就此诞生，它们在海进海退中分分合合，最终于两万年前彻底分离。而两者中间的这条宽阔水道，自古便是广东与海南，乃至东南亚与东亚交流的重要走廊，承载着过去的荣耀与沧桑。俯瞰如今的琼州海峡，一幅奇特的“太极图”映入眼帘，这是在近年填海造陆的热潮中，大力兴建的人工岛屿，为海峡之畔的绝美风光增添了现代化的神奇想象。

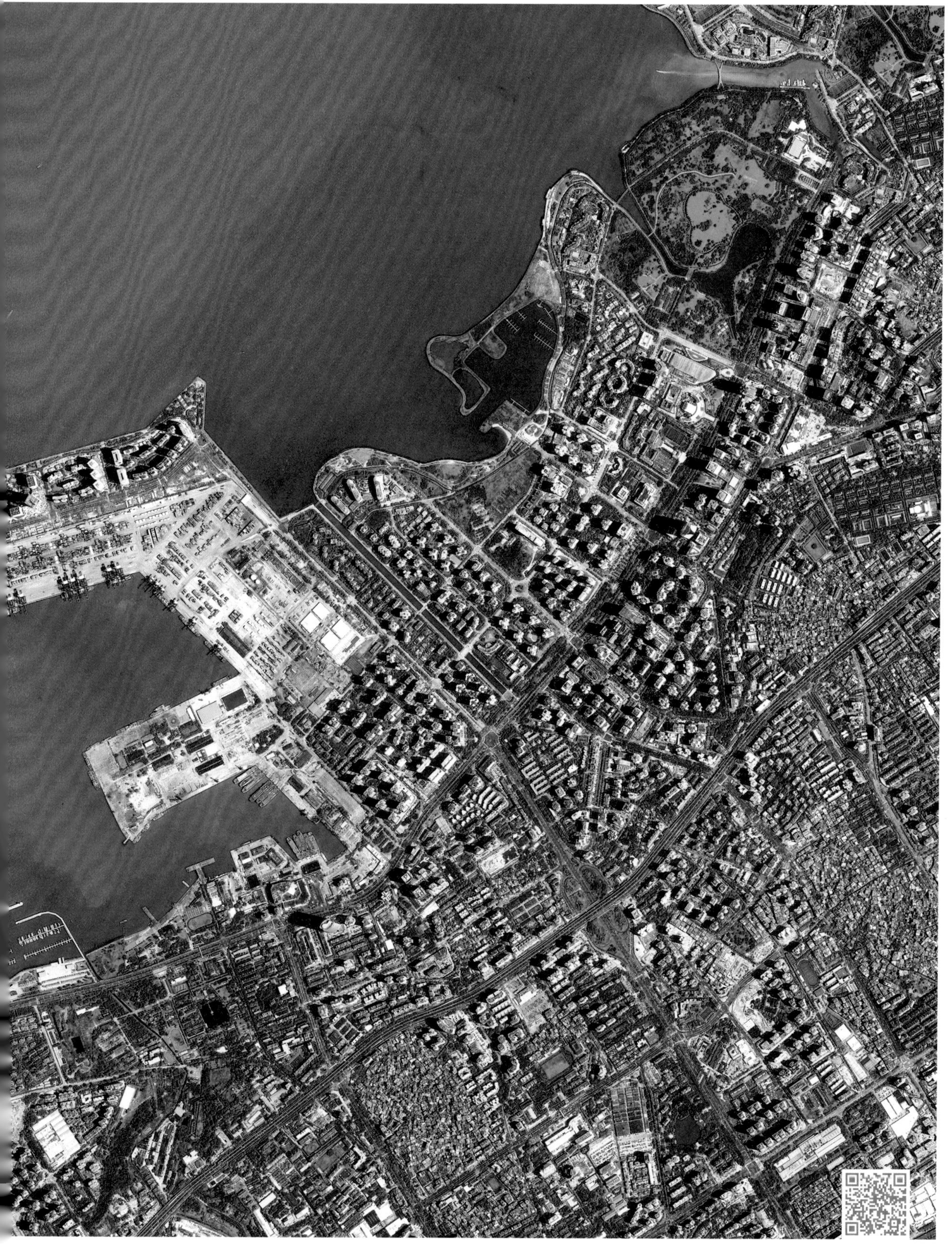

扫码查看
高清壁纸图

22 烟斗形 · 三沙七连屿(琼)

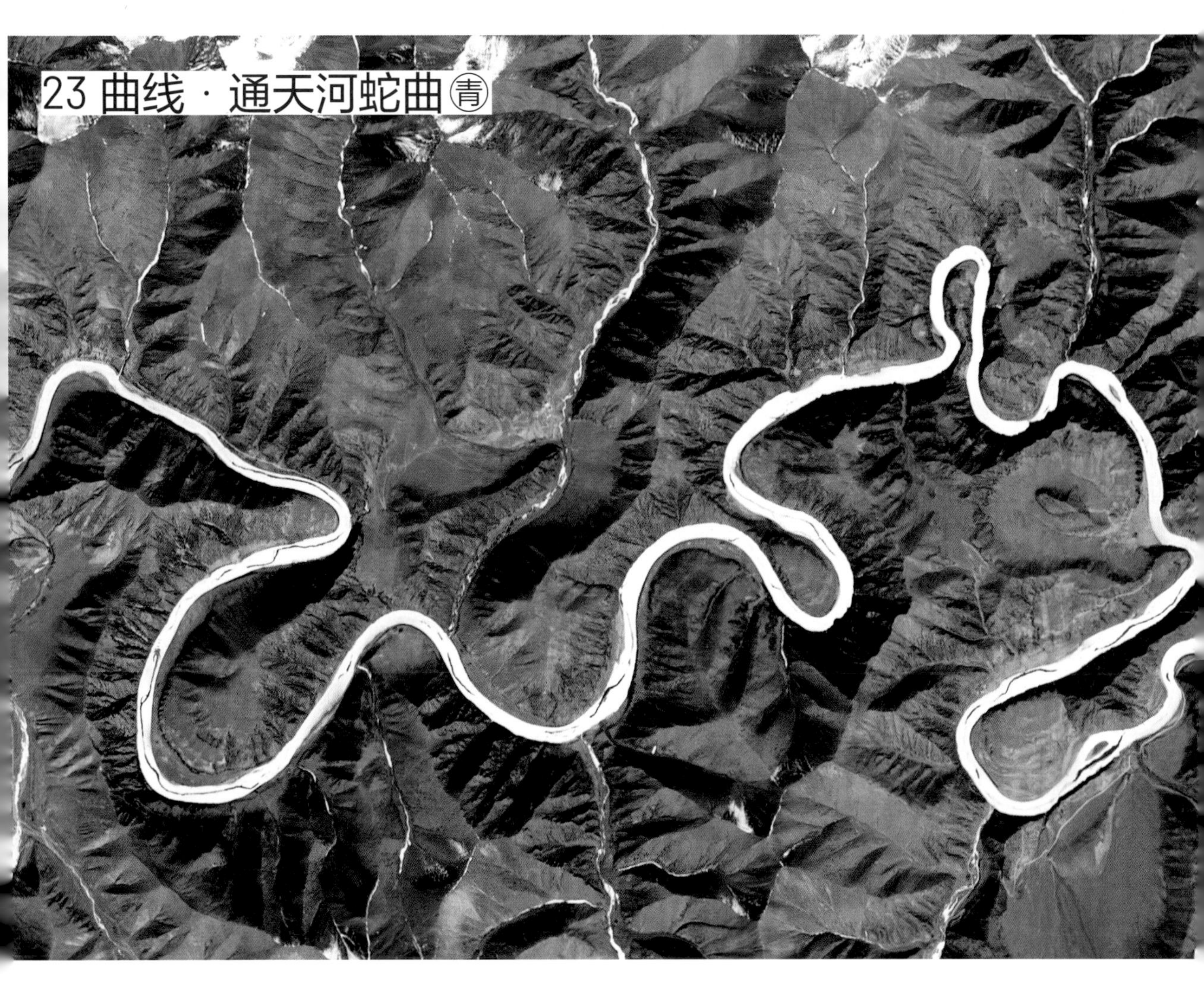

《西游记》中曾描述过一条名字十分霸气的河——通天河，
号称“八百里宽（相当于 40 万米）”，
而这条河的原型就在中国青海，
书中的宽度仅是夸张的说法。
真实的通天河全长 800 余千米，
宽 100—200 米，
发源于青藏高原上的巴颜喀拉山，
正是长江源头的干流河段，
几乎全部在青海玉树境内。
它自西北向东南，
如长蛇般自由流淌在山间，
是中国最著名的“嵌入式蛇曲”景观之一。

清澈的河流与棕褐色的山地相映，
曲折蜿蜒，随意奔放，
展示着最原始的力量和最原始的美。

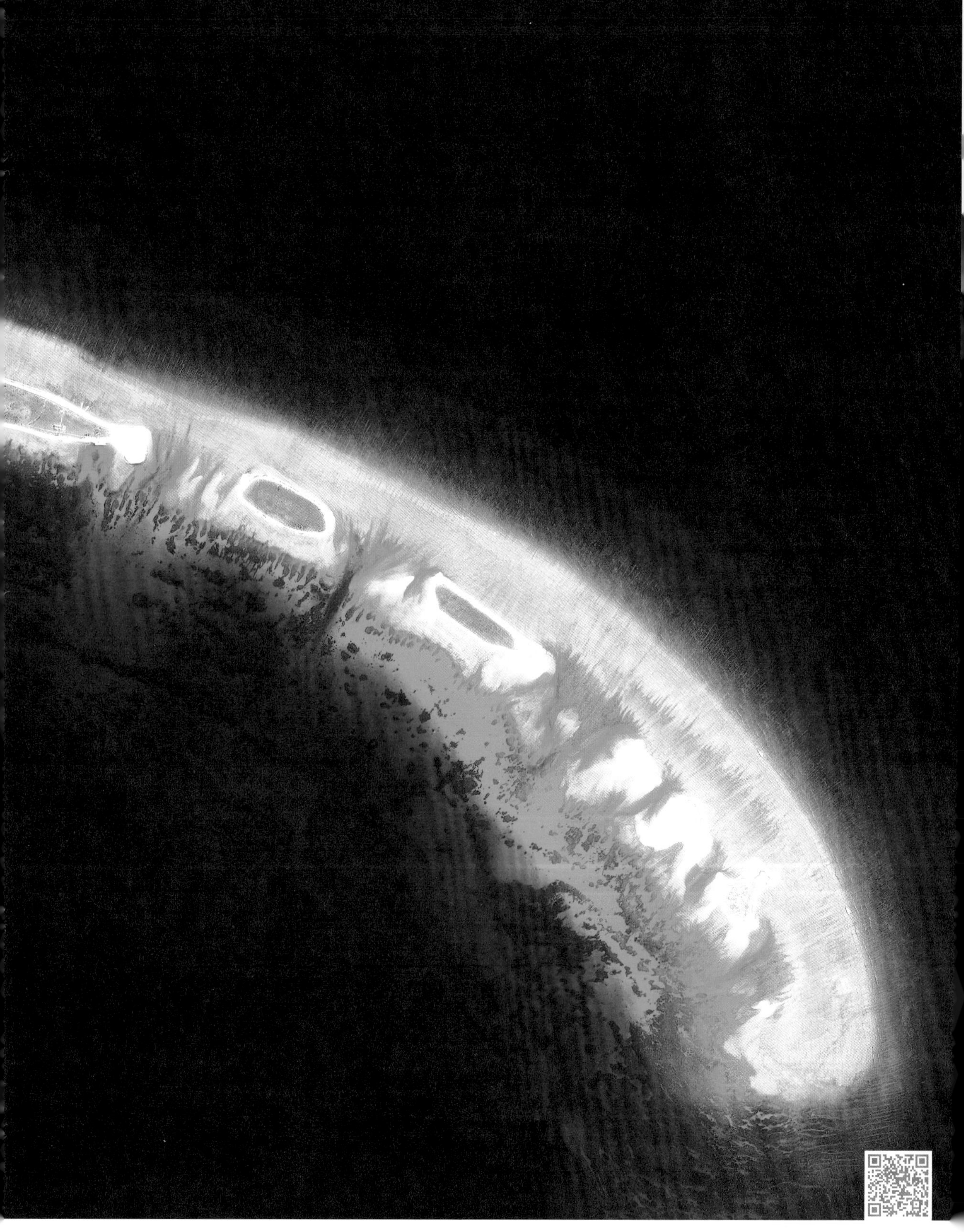

扫码查看
高清壁纸图

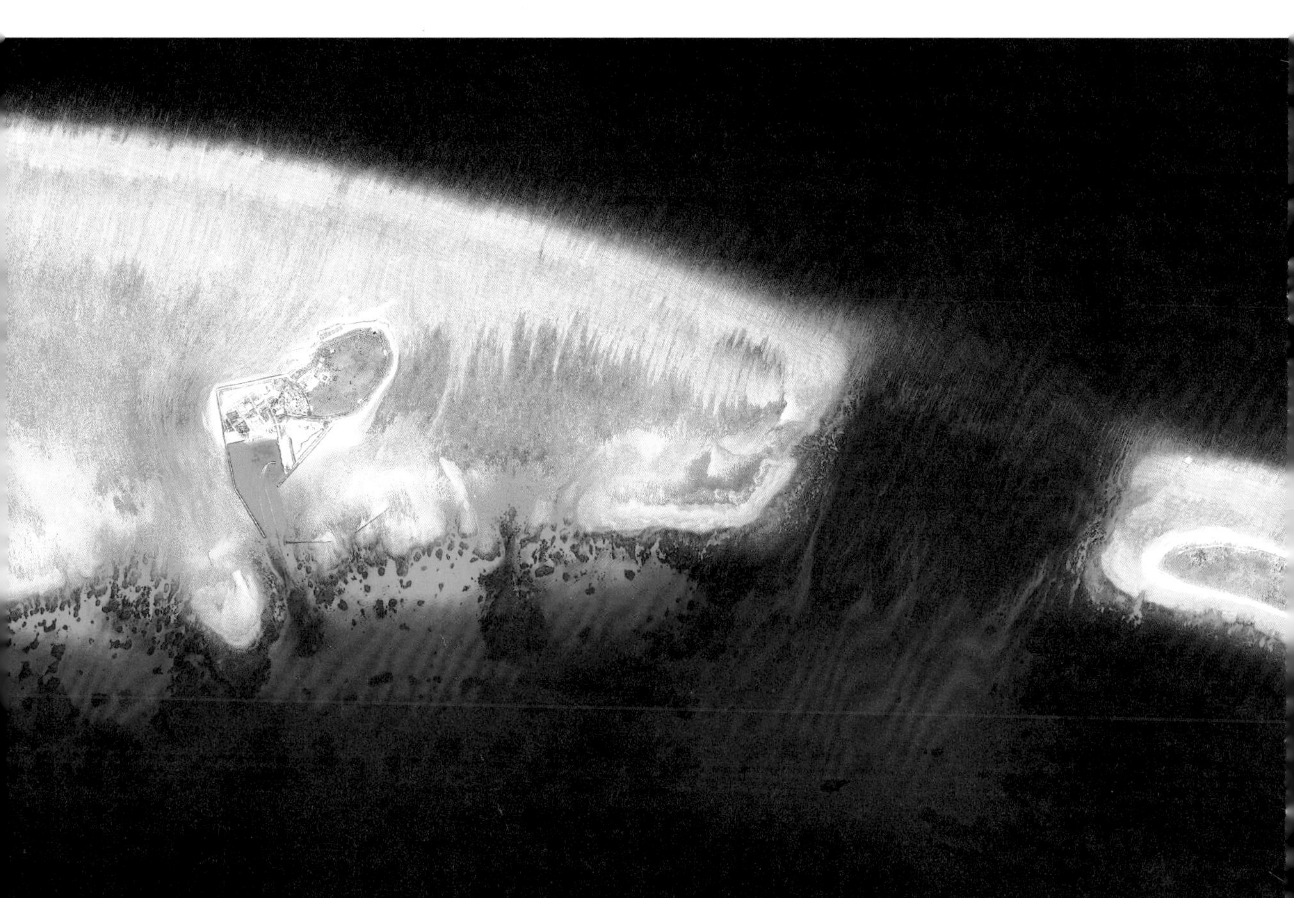

中国西沙群岛，

是我国南海陆地面积最大的群岛，其中有一处颇似弯刀的风景地，

被命名为“七连屿”。岛如其名，它由7座岛礁紧密相连而成，由北至南

分别为赵述岛、北岛、中岛、南岛、北沙洲、中沙洲以及南沙洲。上个世纪时，在台风的狂暴吹拂下，

海浪以及洋流来回搬运泥沙，两处新的小沙洲，于七连屿的南北两端形成，即西沙洲与西新沙洲。

这片遥远的岛屿虽未有人类栖居，但晶莹剔透的海水，绵白细洁的沙滩以及五光十色的珊瑚群和鱼群，

都为这里赋予了勃勃生机。

扫码查看
高清壁纸图

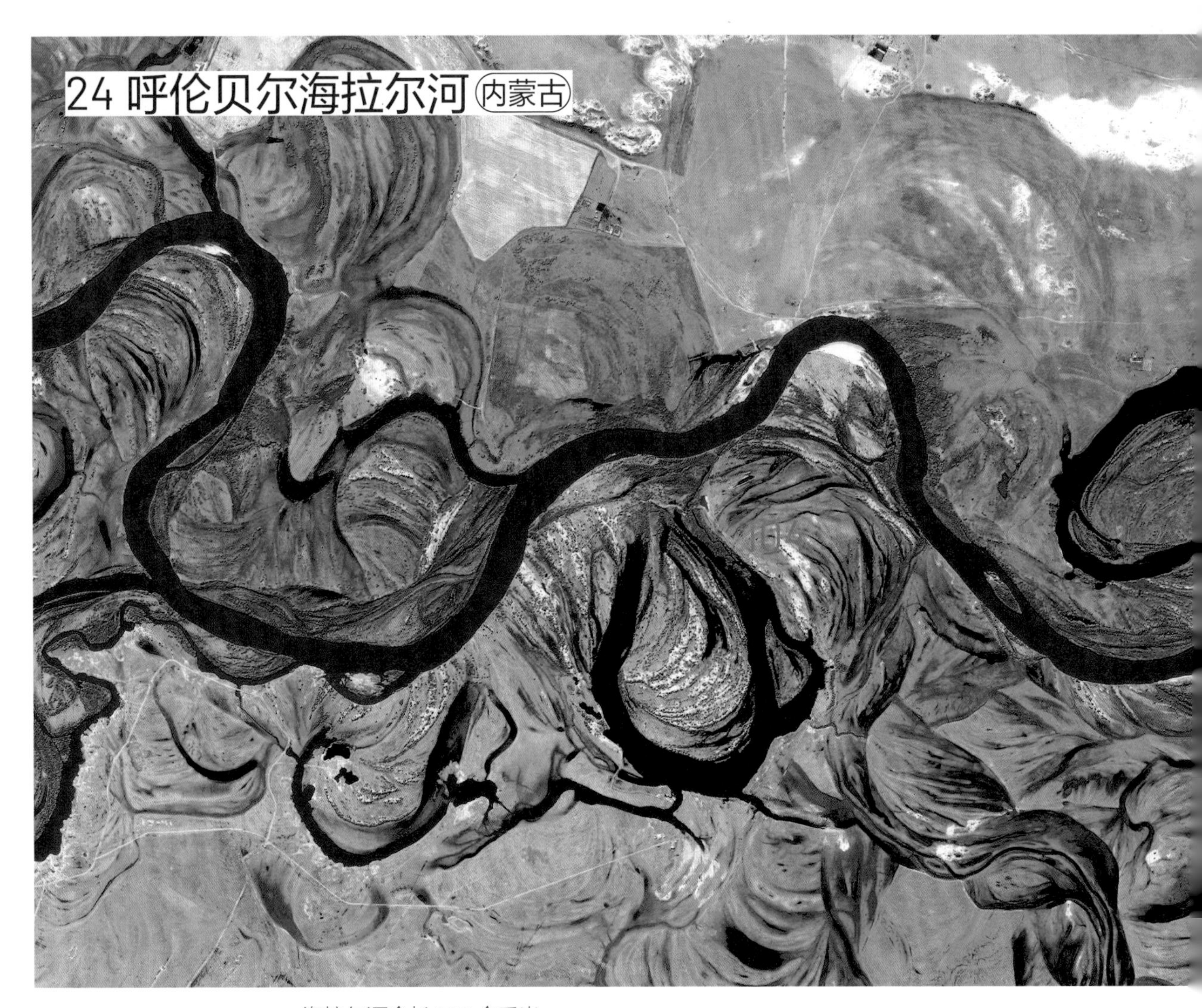

海拉尔河全长 600 余千米，
从大兴安岭西麓蜿蜒而下，
于平坦广阔的呼伦贝尔大草原上尽情延展，
平缓的水流增强了对侧岸的侵蚀，
河道千回百折，分叉横生，
内蒙古诸多知名的“曲水”便由此形成。

那些地势低洼的地带，
瘀滞的河水难以排出，
外加气温低、蒸发弱，
大片沼泽星罗棋布。
沼泽之上雾气氤氲，草地茂盛，
它们共同构成了被誉为“地球之肾”的湿地系统，
描绘着独属于大自然的唯美画卷。

位于地球之巅——青藏高原上的日喀则，

有一处粉红色的盐湖坐落于高山峡谷之间。

当然，在大部分时间它呈现为静谧的蓝绿色，

与周边褐色的山脉相映成趣，仿佛遗世独立。

但谁能想到，我们平常使用的锂电池，

便有极大可能来自于这个遥远的湖中。

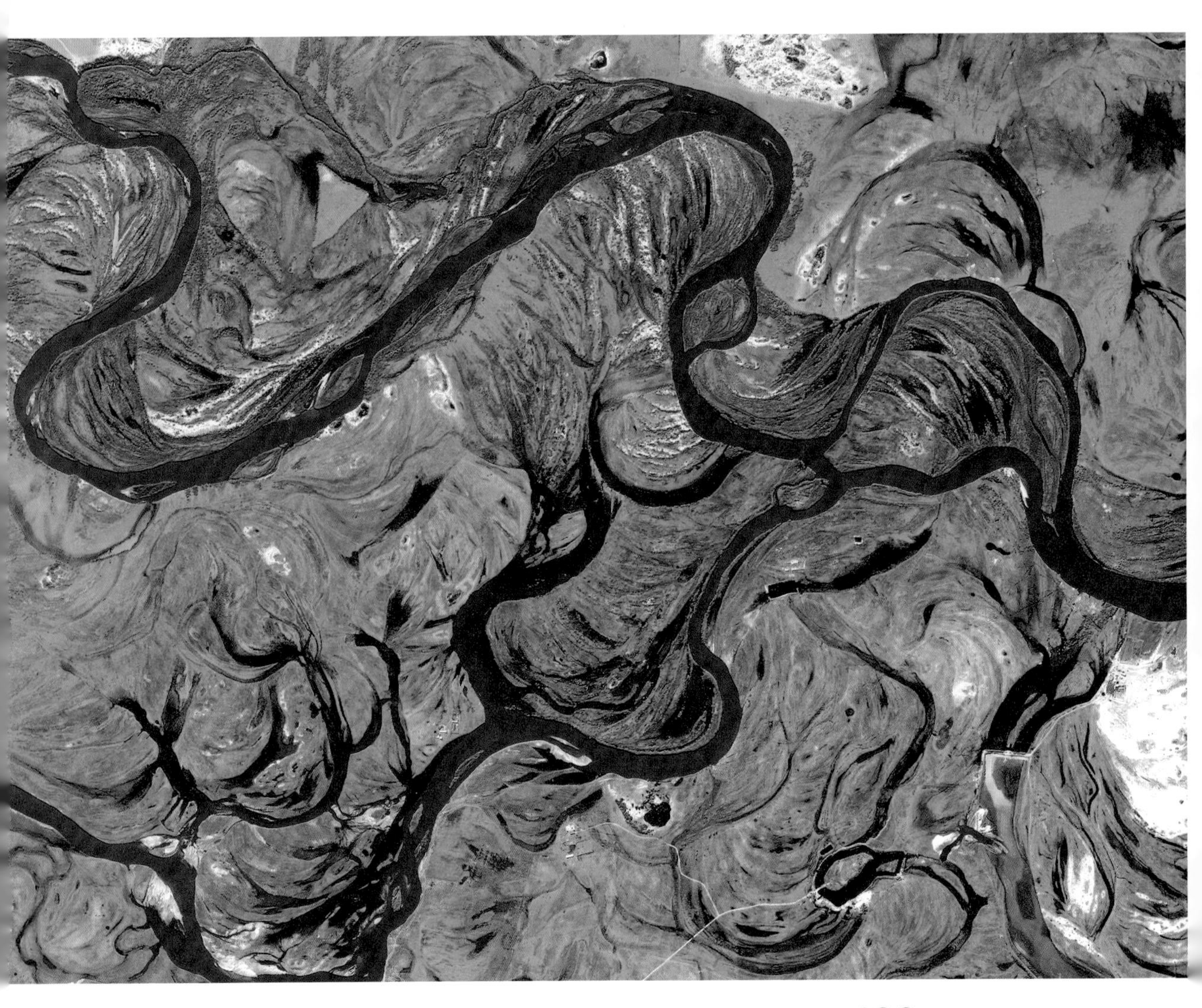

扫码查看
3D 动效图

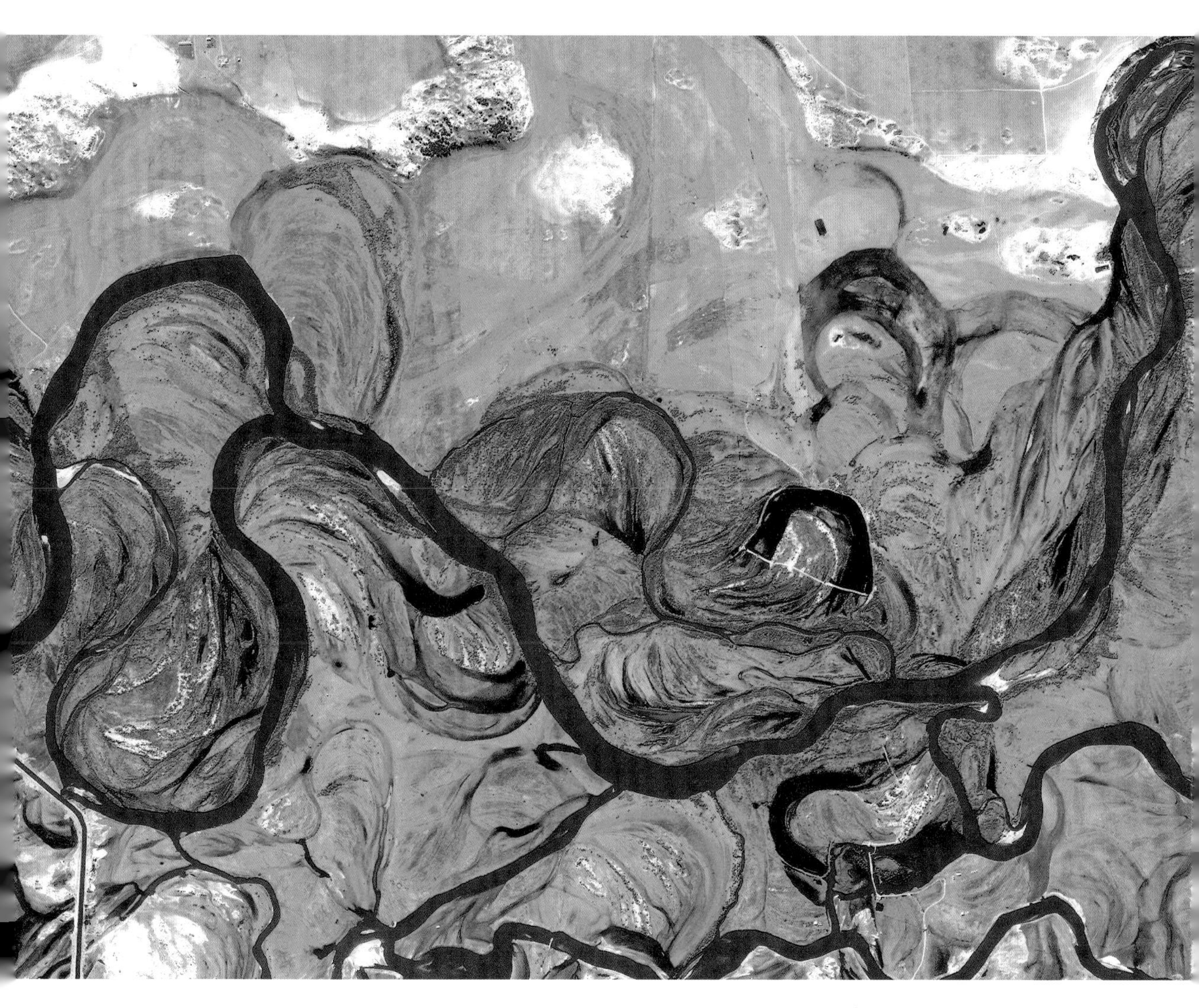

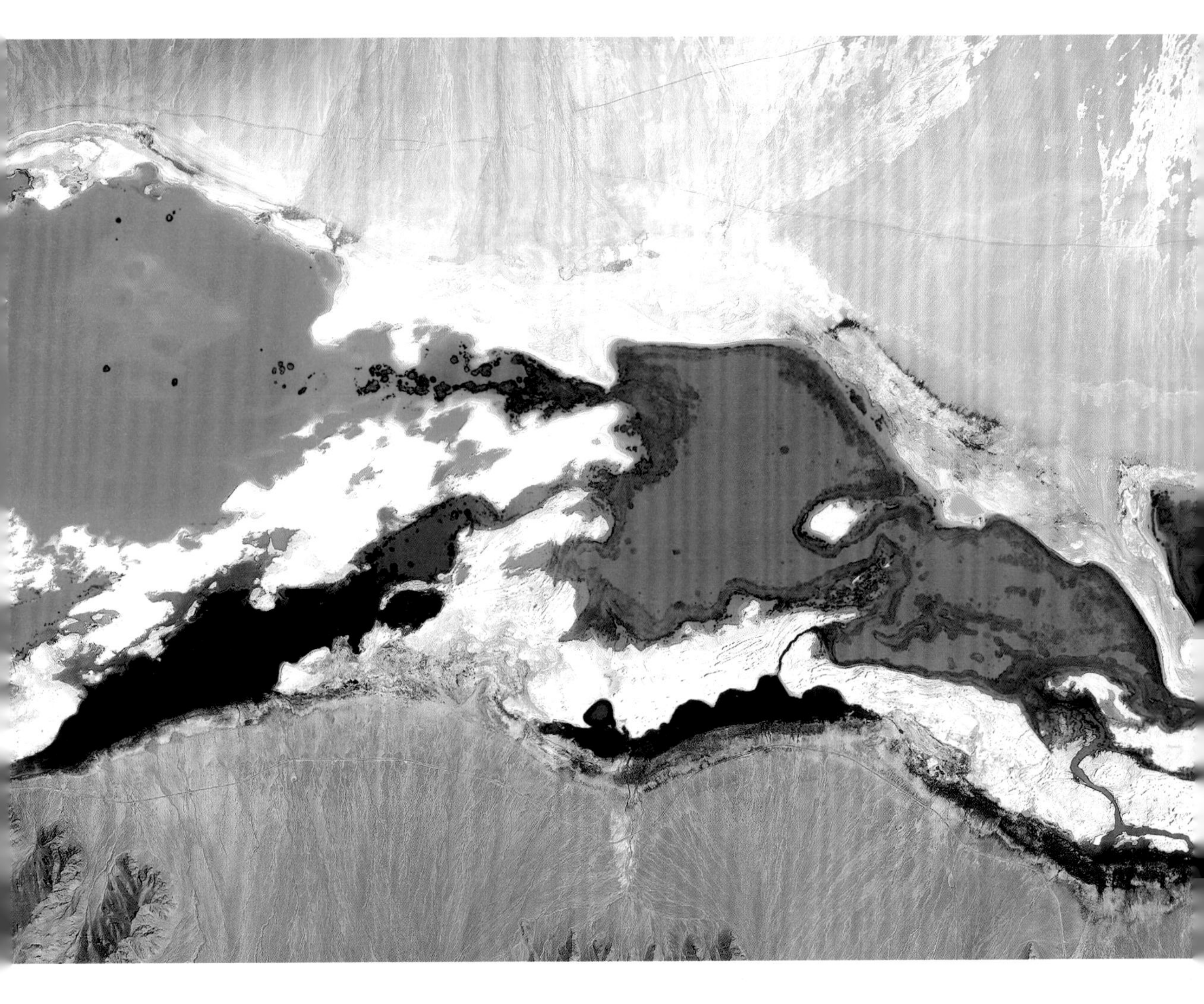

它是中国最大、世界第二大的著名锂矿湖，

面积达 343 平方千米，

湖中蕴藏着超大规模的锂、硼、钾等多矿种，仅锂资源就有 200 多万吨，

是全球唯一不经过化学提炼，便能生产碳酸锂的盐湖。

冬季时，这里的湖水蒸发量增大，沉积在湖底的碳酸锂，将以神秘的粉红色展现在世人眼前。

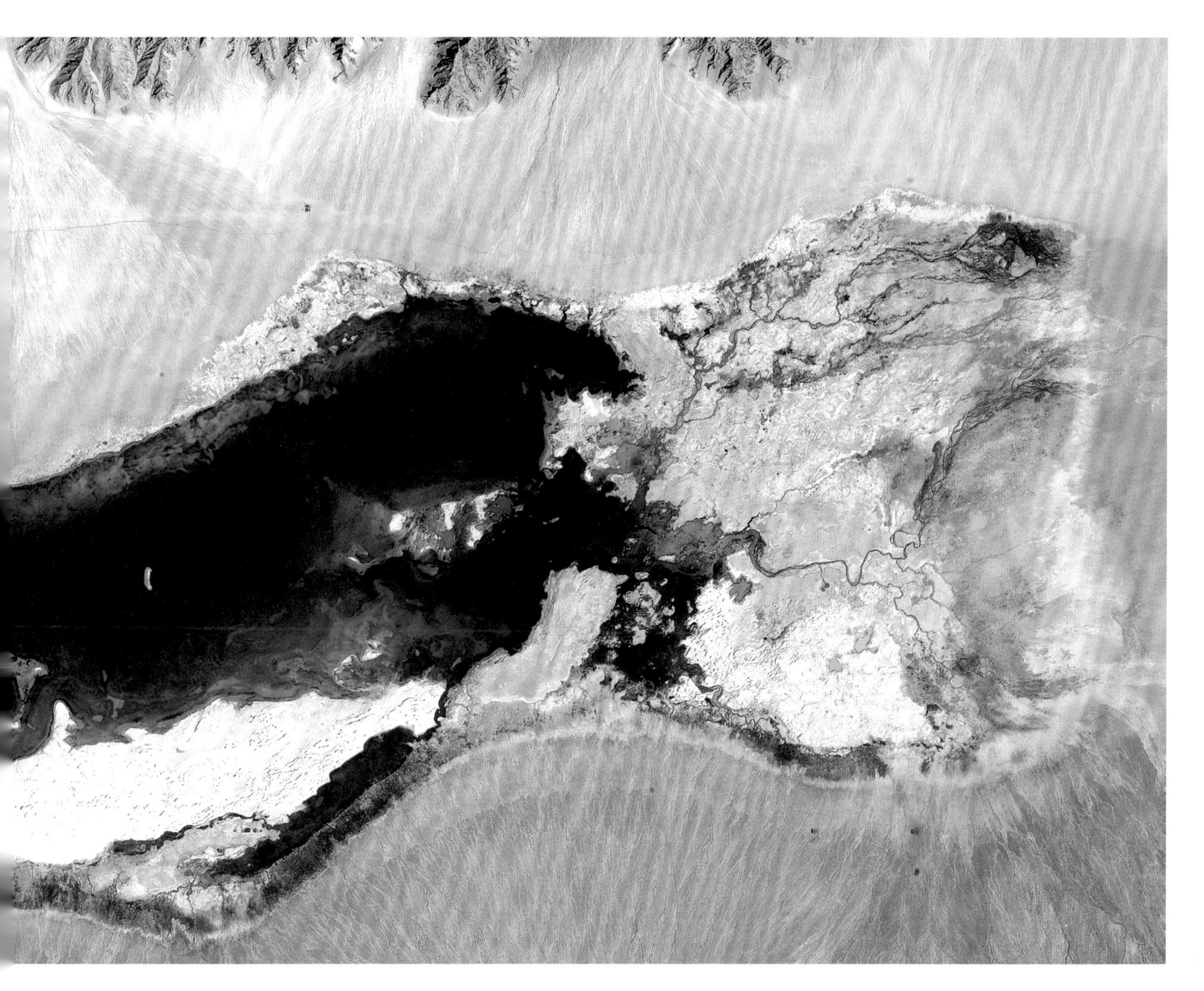

扫码查看
高清壁纸图

26 藏东南冰川㊟

被誉为“世界屋脊”的青藏高原，
拥有约等于 114 个三峡水库的冰储量，
占整个中国冰储量的 80% 以上，
堪称中国最大的“造冰机”，
而青藏高原东南部的藏东南地区，
还是中国数量最多的海洋性冰川发育地。
横亘此处的雅鲁藏布江大峡谷，
作为地球上最深的陆上峡谷之一，
劈开了青藏高原与印度洋水汽交往的屏障，
大量暖湿气流沿着这条通道输入，
为藏东南地区带来了苍翠生机，也带来了蜿蜒冰川，
描绘着仿佛与世隔绝的“冰河世纪”。

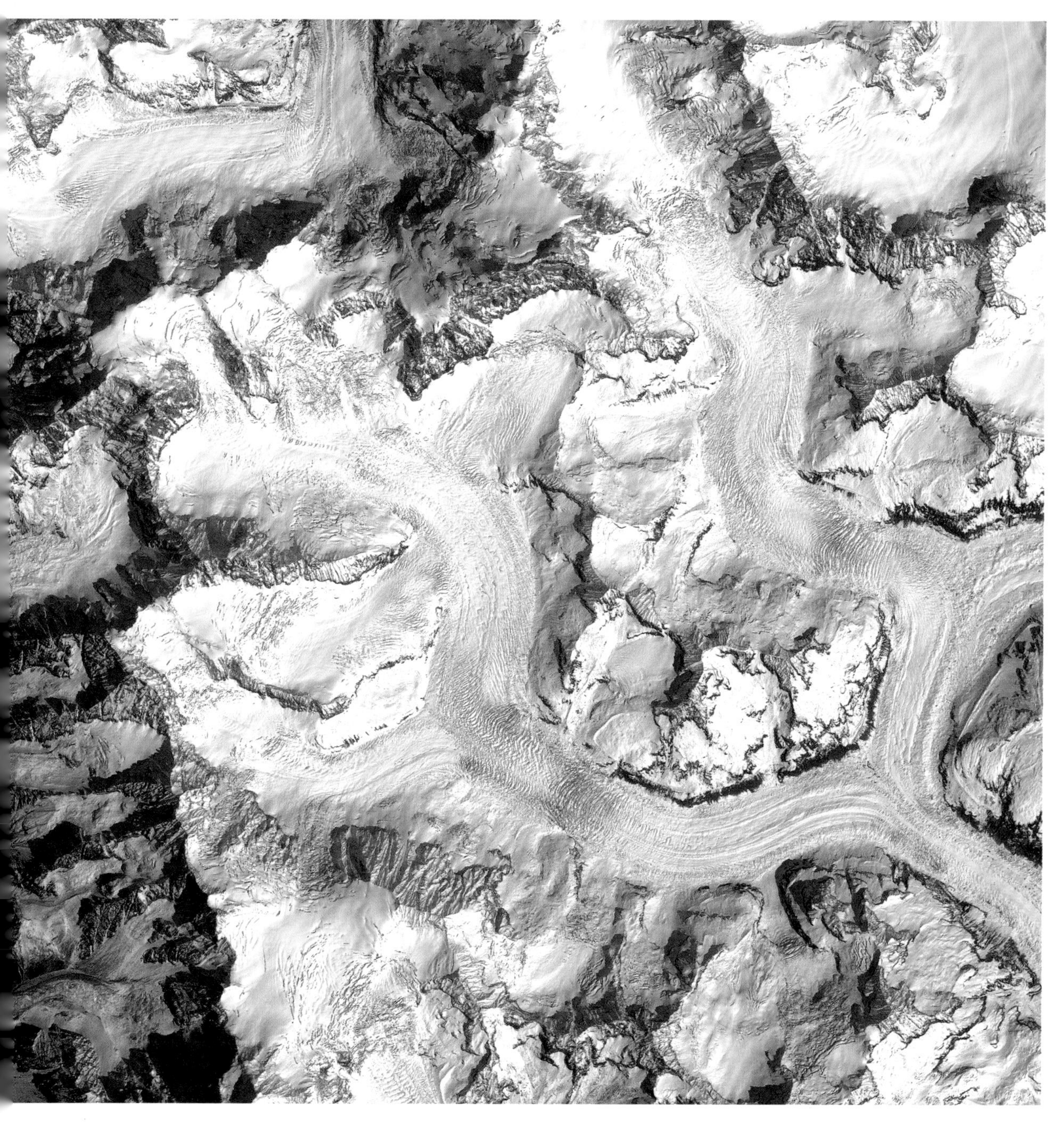

扫码查看
高清壁纸图

27 吉林市韩屯村雾凇(吉)

这里是吉林市韩屯村的一座小岛，
寒风已将大地吹成一片雪白，
而于此穿行的松花江，
江水温度却依旧在零度以上，
蒸腾着氤氲雾气，缓缓流淌。
这些雾气附着在附近密集的树枝上，
凝结为白色的冰晶，是为“雾凇”。

因为这座小岛雾凇发生概率高、
着凇时间长、雾凇景观开阔，
又被称为“雾凇岛”
岛上宛若人间仙境
生长着一株株“琼树银花”
展现着松花江畔的冬季奇景，
每年吸引着 100 多万游客前来观赏。

28 永乐群岛（晋卿岛、琛航岛）㊣琼

广阔无垠的南海里，
散落着一串串翡翠般的岛屿。
永乐群岛，
是南海最大群岛
——西沙群岛的重要组成部分。
它是一个由珊瑚和贝屑堆积而成的大型环礁，
生长出 13 座形态各异的小岛，
出露于海面之上。
遍地的白沙，
生长丛丛椰林；
温暖的海风，
交织着海鸥的鸣叫。
由于离大陆较近，
这里历来是中国渔民停船歇息的场所，
岛上的庙宇和塑像还记录着当年的往事。
而它的名字，
正是以 600 余年前，
郑和下西洋所处的“明永乐年”来命名。

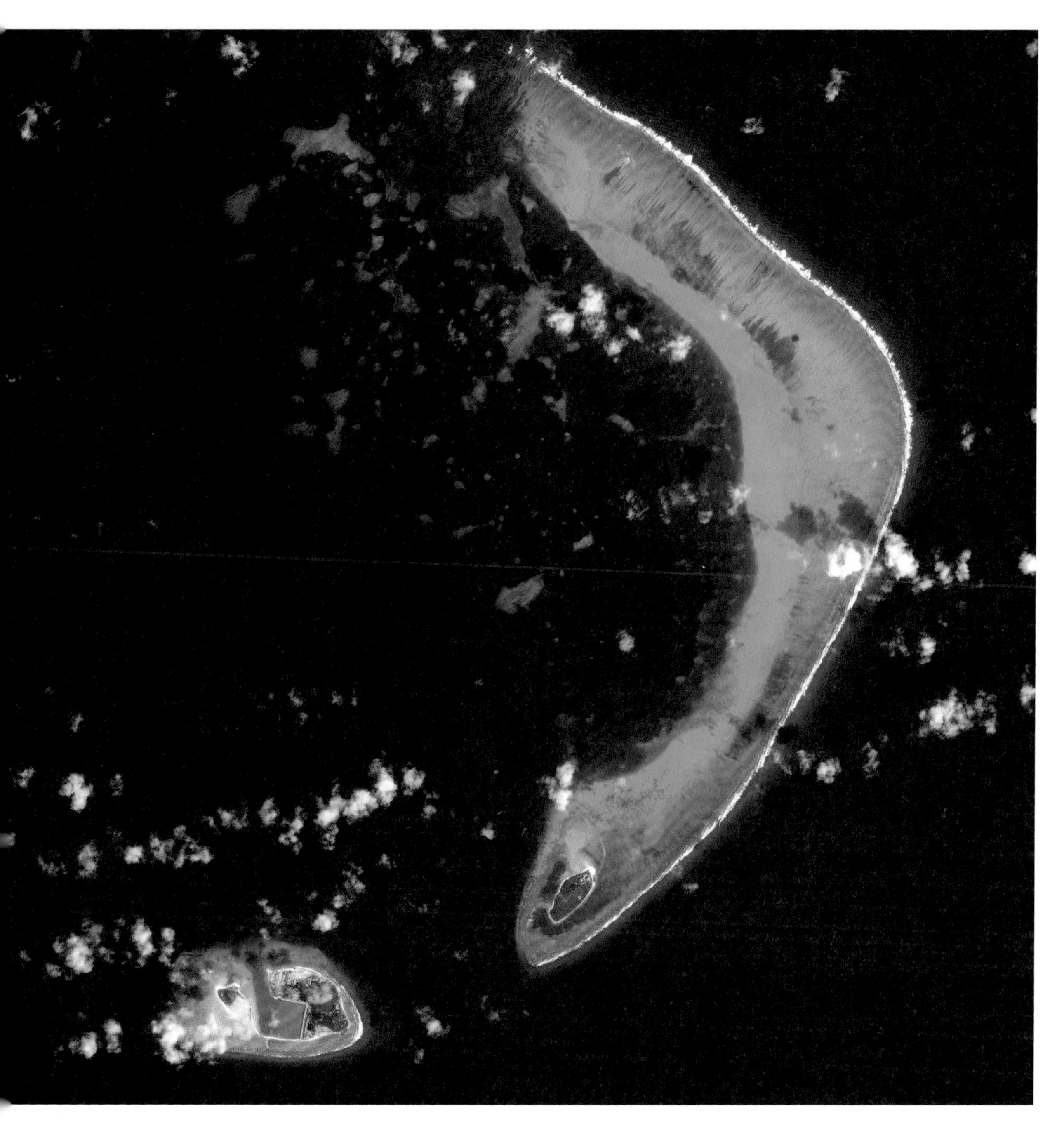

29 五大连池老黑山㊗

距今约 300 年前，
位于长白山脉上的
老黑山与火烧山喷发，
声震四野。
滚烫的熔岩四溢，
并顺着河道下流，
最终将河床堵塞，
阻滞的河流聚集成湖，
形如串珠，
由南到北分别名为头池、二池、三池、四池、五池，
这便是黑龙江赫赫有名的五大连池，
也是中国第二大火山堰塞湖。
火山灰和熔岩在旁堆积，
形成黑褐色的熔岩台地，
状如黑斑。
历经漫长的风雨侵蚀，
大部分熔岩已变为肥沃的土壤，
生长着茂密的植被。
生机与死亡在此并存，
烈火与冰雪在此共舞。

扫码查看
高清壁纸图

30 百花湖㊥

贵州是中国喀斯特地貌
最典型的地区。这里气候温暖湿热，
厚达 10 千米的碳酸盐岩，被南方巨量的降水反复溶蚀，
地上孤峰林立、溶洞密集，造就了怪异奇特的喀斯特景观群。
位于贵阳市西北郊的百花湖景区中，众多丘陵直接“漂浮”于湖面之上，如梦如幻。
其实这并非一处天然湖泊，20 世纪 60 年代修建水库之时，大水淹没了周围的喀斯特丘陵，
只有较高的部分露出水面，宛若岛屿，共计 100 余处，错落有致。
春天时，偌大的湖上百花盛开，
姹紫嫣红，
再加上蒙蒙细雨，
更是柔情万千。

31 塔克拉玛干沙漠㉂

塔克拉玛干沙漠的称号
——“死亡之海”，
或许令人闻之丧胆，
但若从高空俯瞰而去，
这片土地却只剩无与伦比的美丽浮现眼前。

干旱的大地风化出大量细小的沙粒，
从天山、昆仑山、阿尔金山搬运而至，
堆积在山前的巨大盆地——塔里木盆地中，
形成了东西长约 1000 千米的“黄金之海”。
这也是中国第一大沙漠，
随风前行的沙子，
或如波纹流动，
或汇聚沙山，
打造出千姿百态的沙漠景观。

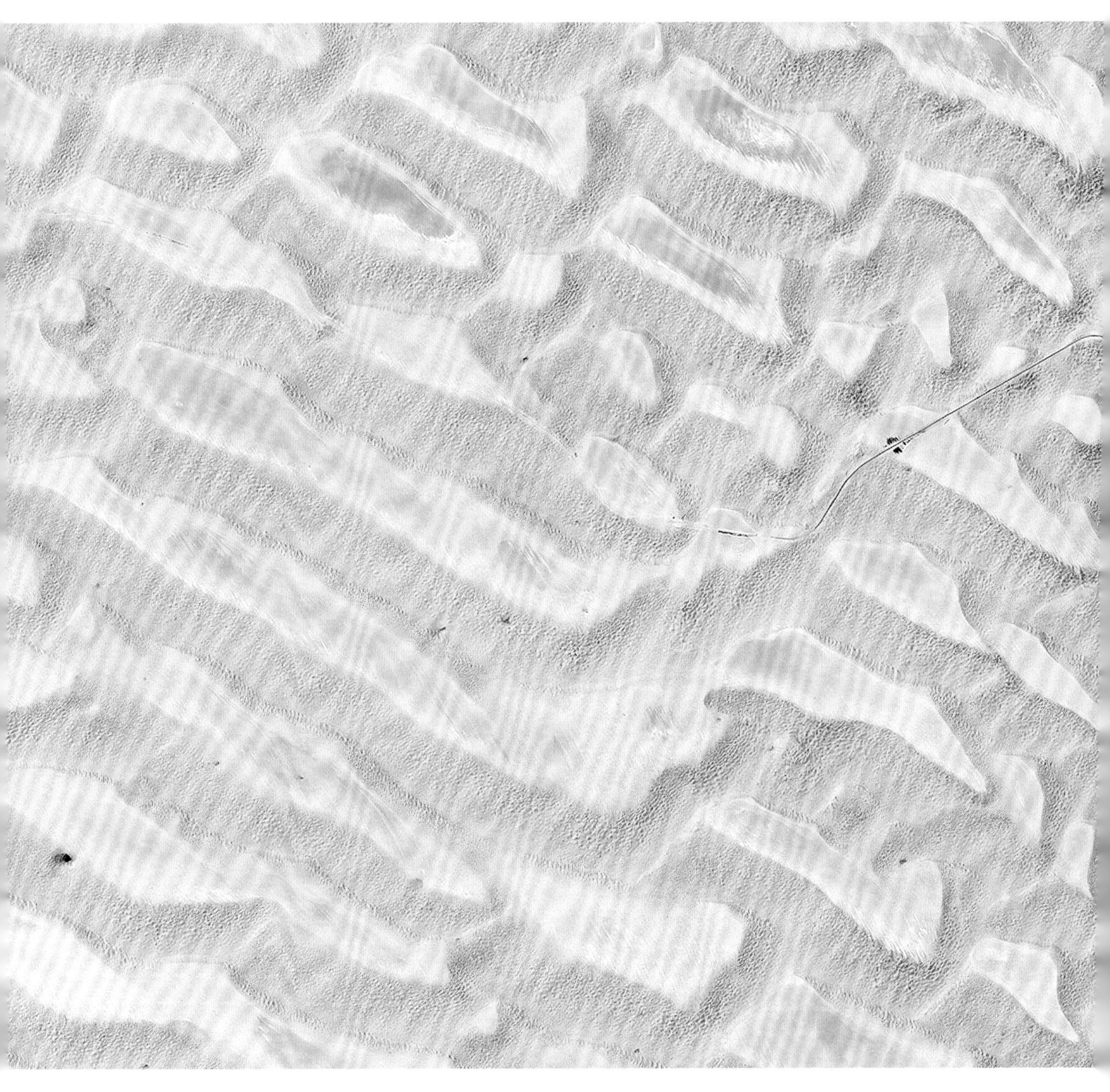

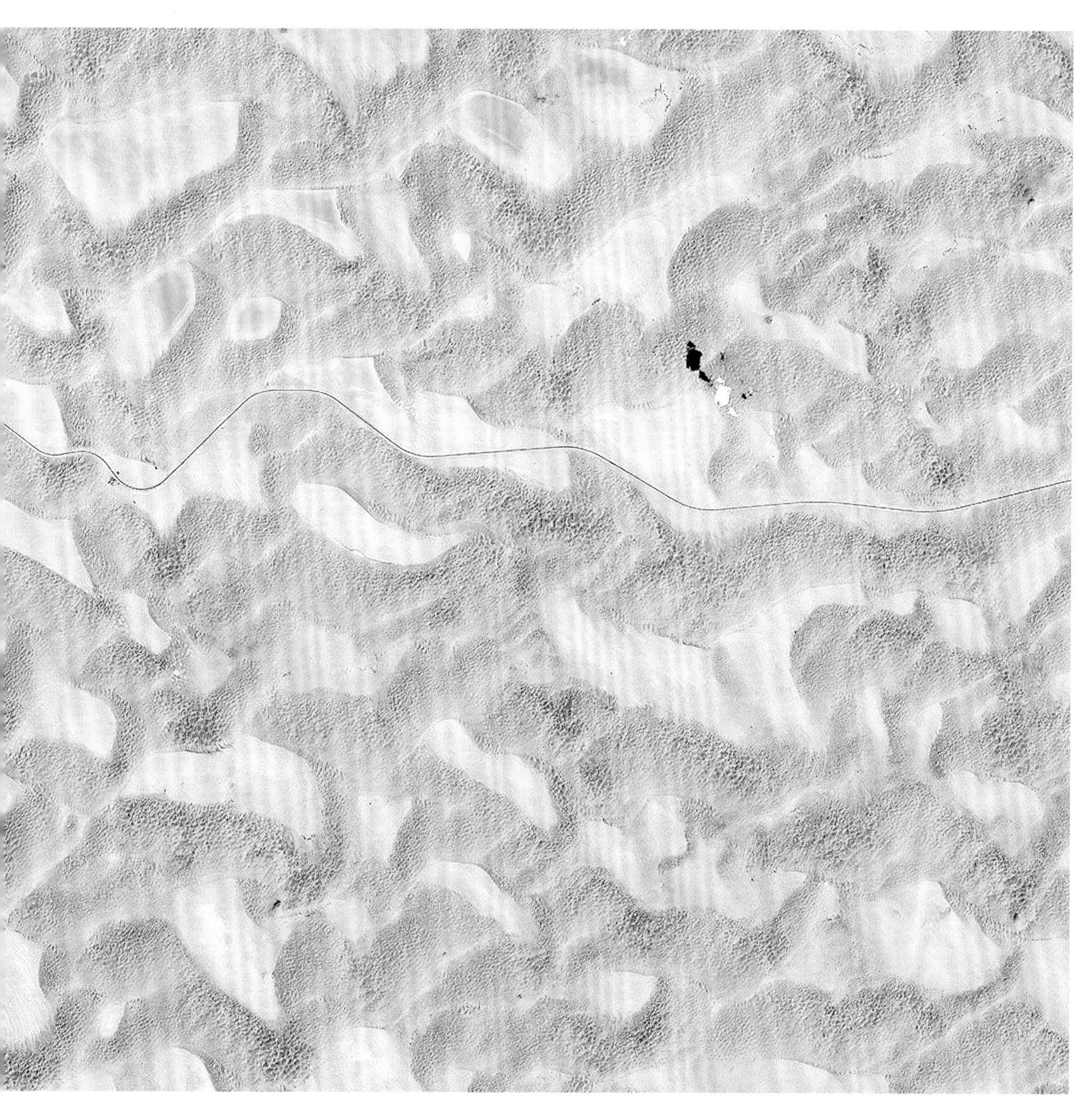

扫码查看
高清壁纸图

32-1 五色土 · 红

我们常说，中国有 960 万平方千米的土地，

但你们知道，这些土地还拥有多彩的颜色吗？

俯瞰中国东南地区，高温多雨的气候，

让土壤中易溶于水的矿物质大量流失，

残留下氧化铁及铝等矿物质，

呈现着鲜艳的红色，

适宜种植稻米、茶叶、果树等。

曲靖宣威红土地

32-2 五色土·青

而东部部分地区，

在排水不良等情况下，

红土壤中的氧化铁又被还原成浅蓝色的氧化亚铁（青色），

适宜开垦稻田。

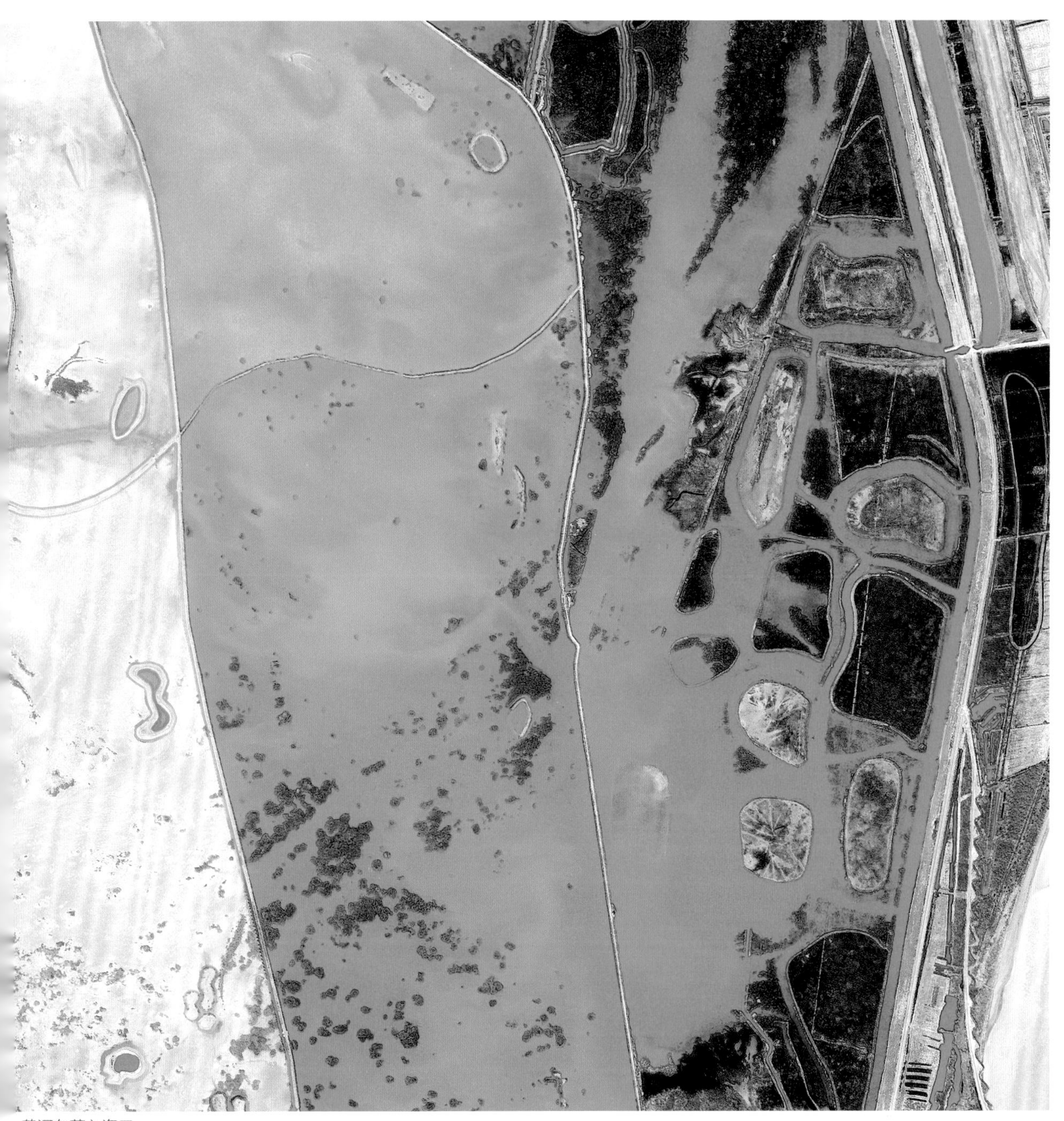
黄河东营入海口

32-3 五色土·黑

中国北方地区纬度高且气温低，

微生物活动弱，

土壤中存留大量腐殖质，

所以土色较黑，

是世界上最肥沃的土地。

鹤岗绥滨县黑土地

32-4 五色土·黄

黄土高原地区，

堆积着大量被风化的沙土，

土地干旱有机质少，

由易溶解的盐类和钙质组成，

比较松散，呈黄褐色。

陕西榆林靖边县

32-5 五色土·白

而更干旱的西北地区，
土地中蕴藏的盐类在太阳的蒸发下，
越积越厚，形成了雪白色的盐碱地。

至此，黄、青、黑、红、白这五种颜色，
组成了中国大地的五种基调，
展现着中国多元的环境，
以及在不同环境下形成的多元的生活方式。

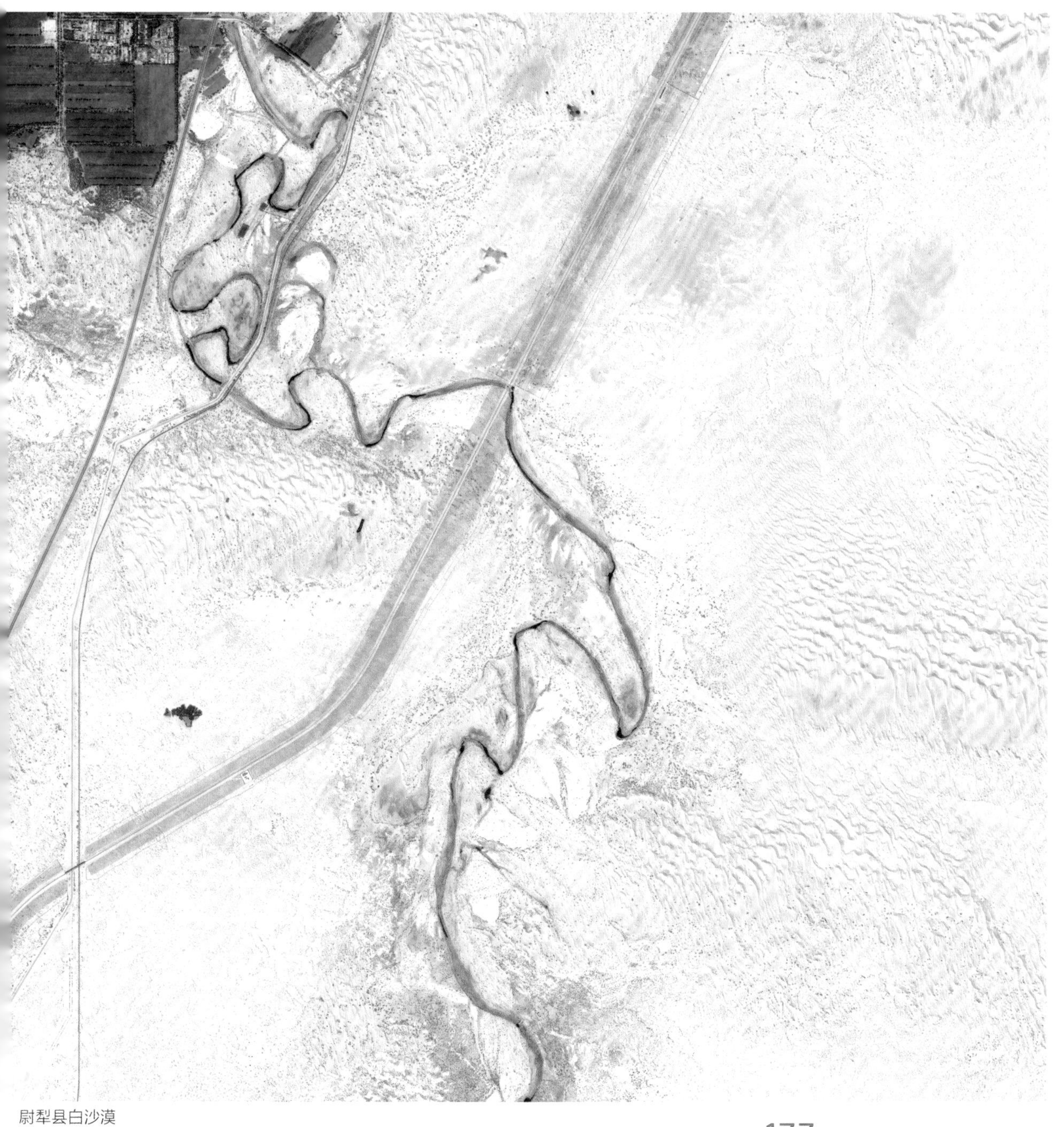

尉犁县白沙漠

变迁之美

01 居庸关长城㊊

北距北京约 60 千米处，
有一段长城名为“居庸关”，
坐落于太行山余脉的峡谷中，
因山势雄奇、翠嶂如屏，
被誉为“居庸叠翠”，
是当地知名的特色景观。
现存的居庸关长城于明时（公元 1368 年）始建，
东达高 150 米的翠屏山，
西至高 351 米的金柜山，
总长 4000 余米，
颇有“一夫当关，万夫莫开”之势。
上面的城、障、亭等防御设施齐全，
城内还有衙署、庙宇等场所。
回望数千年前，
这里作为守护国家的重要关隘，
曾阻挡北下游牧民族的数次入侵，
如今这些故事已随风而逝，
只剩斑驳的城墙在天地间静静矗立。

扫码查看
高清壁纸图

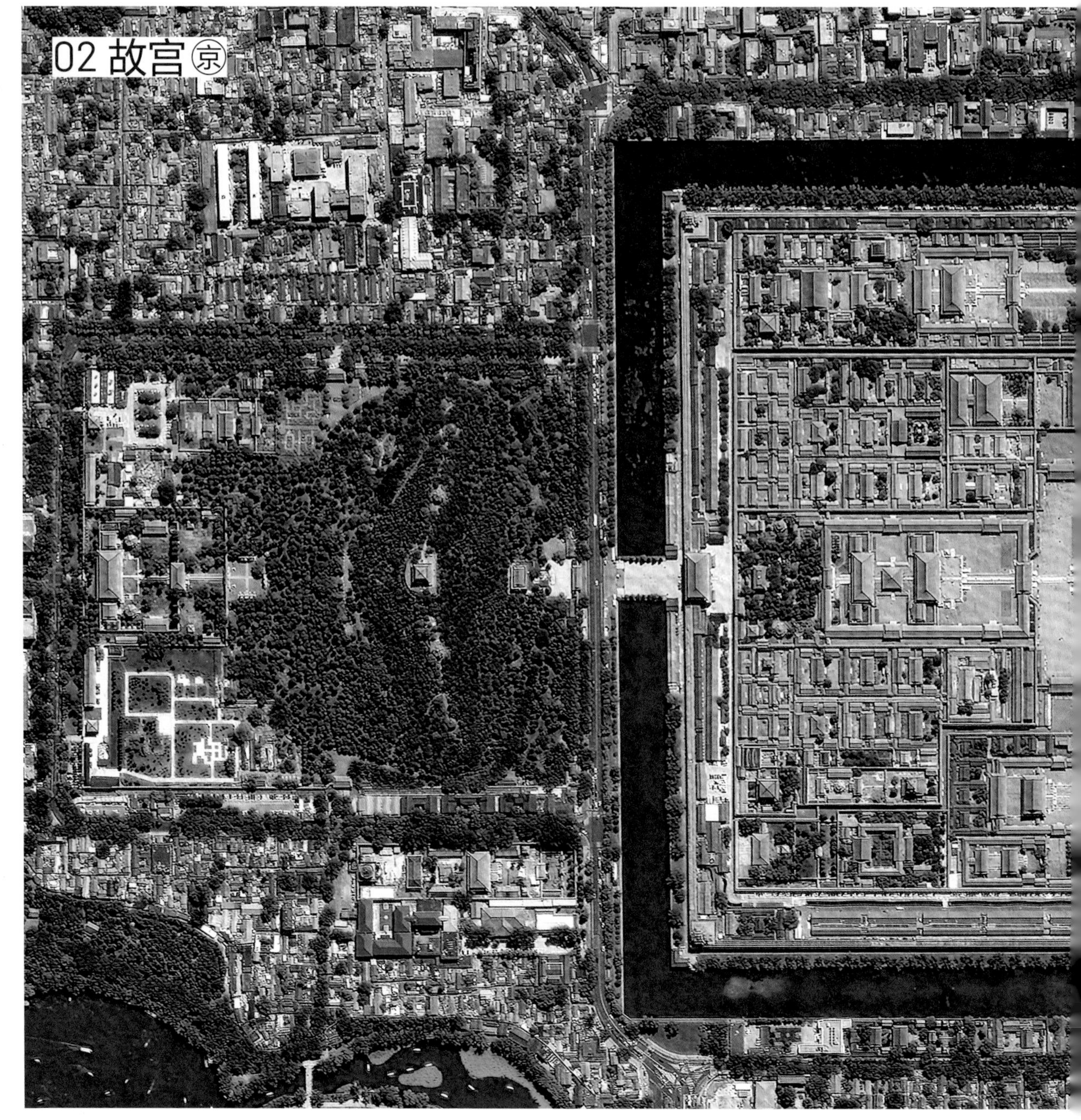

这里是地球上规模最大的古代木构建筑群，它以北京中轴线对称式布局，高达 10 米的城墙围起数十万平方千米的土地，南北长 961 米，东西宽 753 米，距城墙 20 米处有一条长 3840 米的护城河，名筒子河。城内占有大小宫殿 70 余座，房屋 9000 余间，见证了 24 代帝王的兴衰，历经了 600 余年的岁月。里面拥有图书馆、学校、花园、工厂、水利工程、亭台楼阁等功能设施，包罗万象，所有建筑的外形、配色、装饰等都蕴含了中国式美学，是中国传统文化的集大成者，也是中国当之无愧的建筑奇迹。

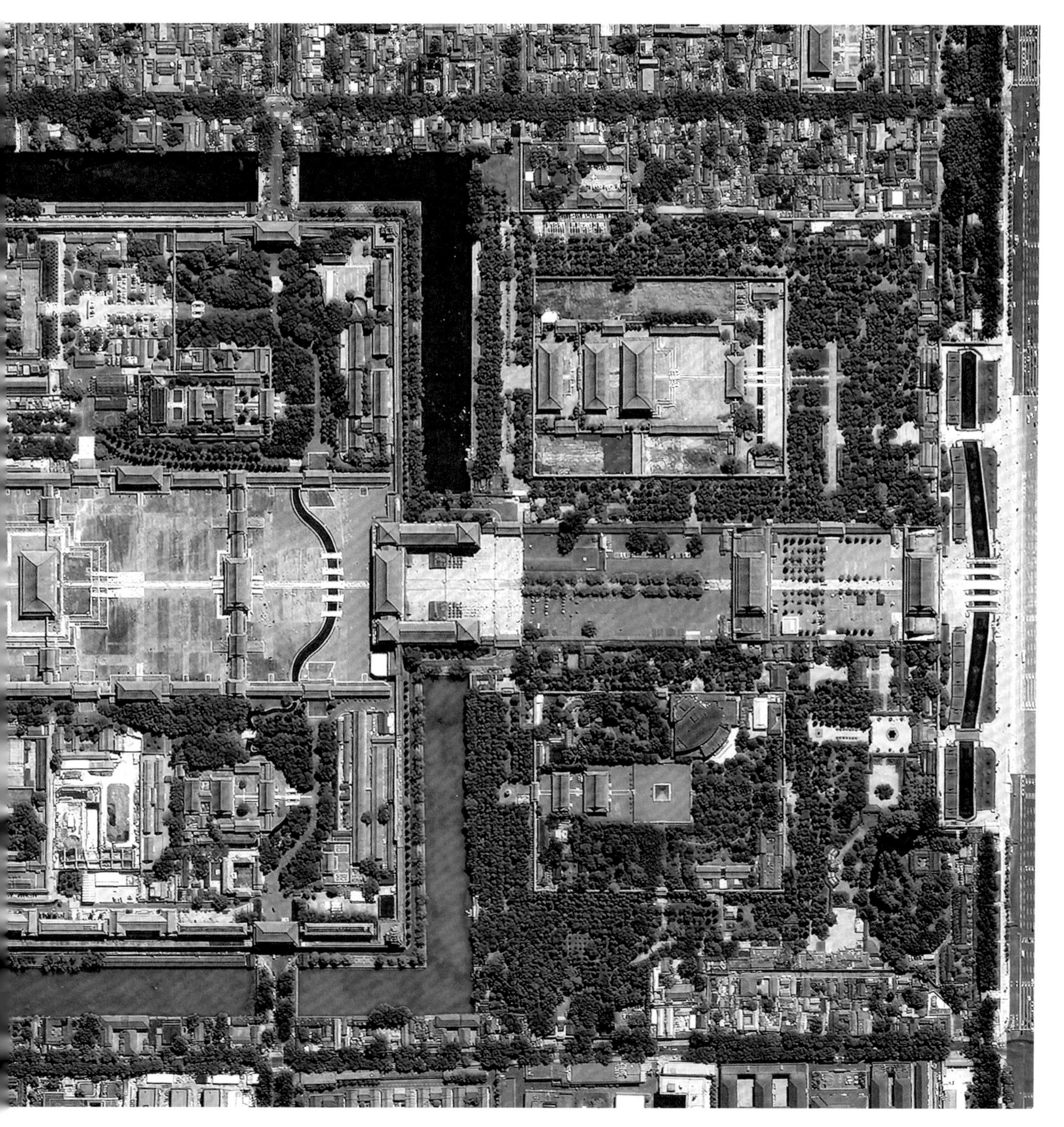

扫码查看
高清全景图

公元 1750 年，

为庆祝崇庆皇太后 60 大寿，

乾隆下令在园景寺旧址兴建大报恩延寿寺，

赫赫有名的颐和园始成。

曾经的翁山泊以及翁山更名为昆明湖与万寿山，

疏浚昆明湖时挖出的泥土被堆放在山上，

使万寿山的东西两坡对称，

成为整个园林的主体。

大报恩延寿寺则沿山坡逐层起造，从湖顶至山巅，共分为前、中、后 3 个部分，全长 210 米，

其中最高处的智慧海，是一座无梁佛殿，

外观富丽堂皇，颇显皇家气派。

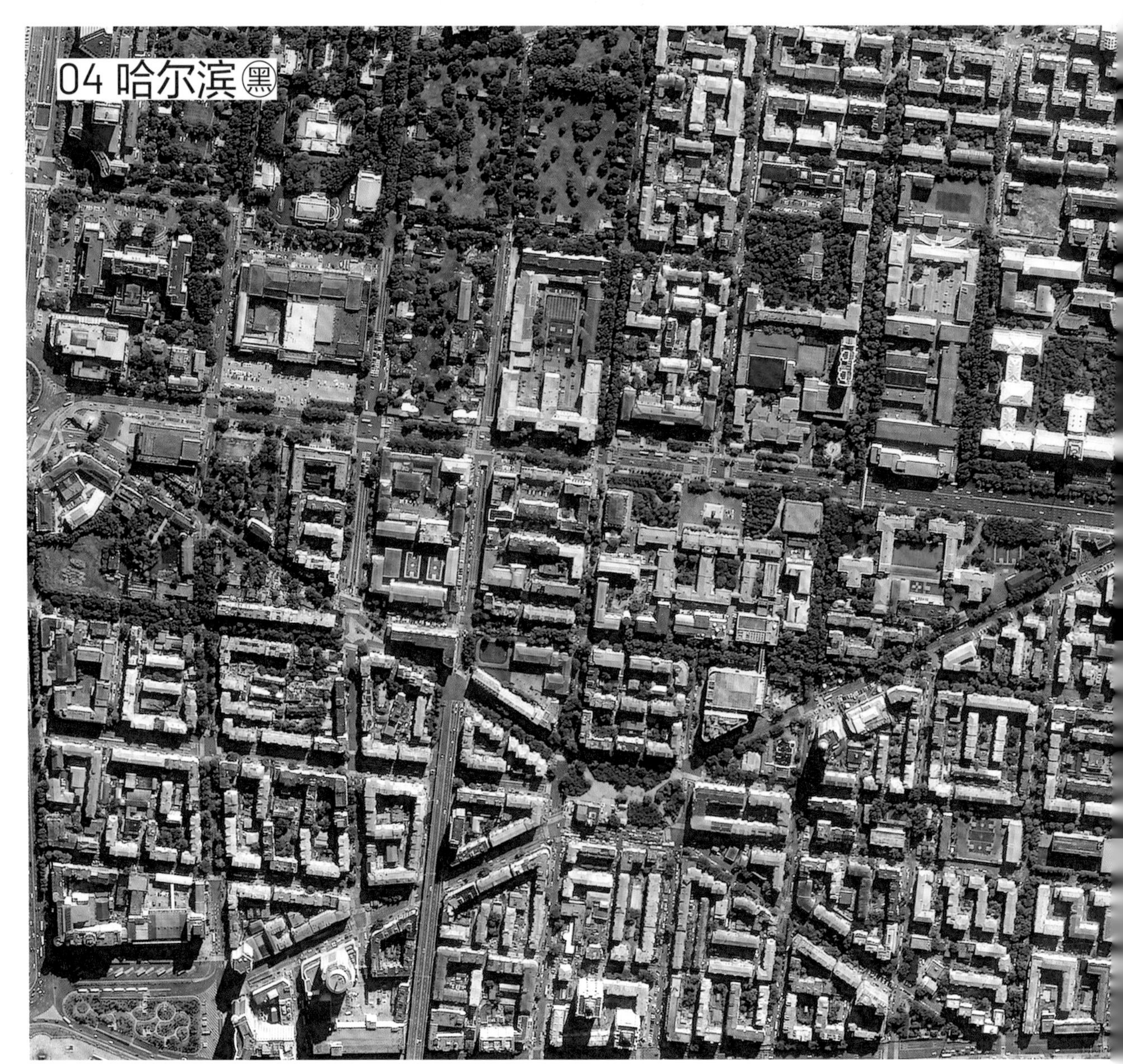

哈尔滨 | 夏

位于东北地区的哈尔滨，是中国纬度最高的大城市之一。一提到它，总带给人们冰天雪地的寒冷印象。其实哈尔滨属温带季风气候，四季分明。夏季受副热带海洋气团影响，平均气温为 22.6℃，降水充沛，与高温炎热的南方相比凉爽宜人；冬季受大陆气团控制，平均气温为 -18℃至 -7℃，降雪日数多，一般 11 月左右便开始下雪，呈现出银装素裹的北国风情。得益于两种面貌、两种风情，哈尔滨已成为全国知名的“避暑胜地”以及“滑雪胜地”。

哈尔滨｜冬

05 香港夜景(港)

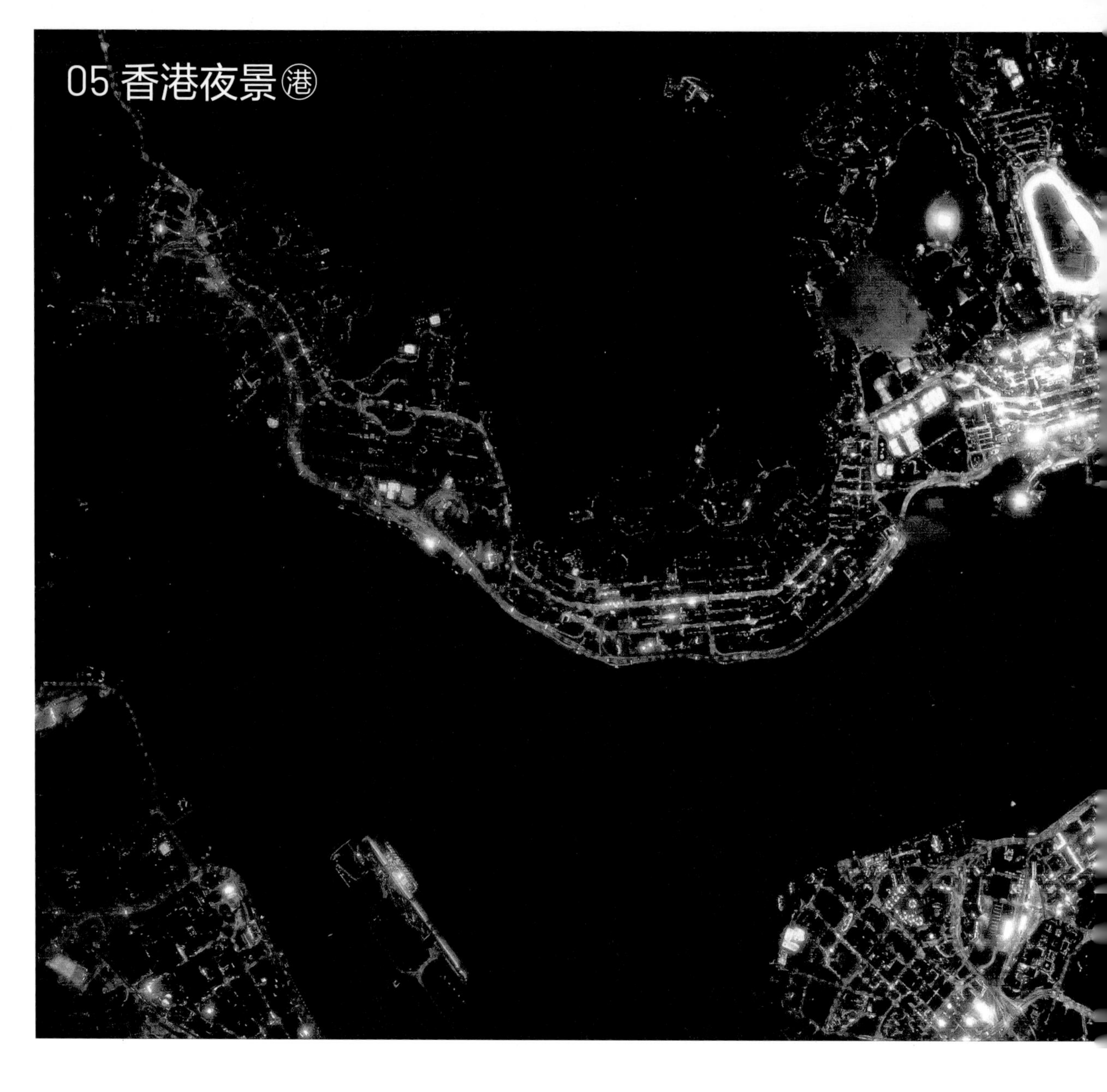

这里是中国最迷人的夜景之一，

鳞次栉比的高楼大厦，霓虹璀璨闪烁，

繁忙拥挤的街道交织，车流穿梭不息，

两岸港口灯火通明，世界各地的货物跨海云集。

这就是香港，

以区区 1000 多平方千米的土地，

创造了高达 3681 亿美元的 GDP（2021 年数据）。

而这一切，仅仅起步于上个世纪。

随着中国“大门”打开，

自各地的移民聚集在此“淘金”，

来了资金、人口、文化，

这座东南沿海的小岛，

蜕变为惊艳世人的国际大都会。

扫码查看
高清壁纸图

06 北京夜景㊈

这片占地 1.6 万平方千米的土地，
便是“祖国的心脏”——北京。
自 1949 年被确立为中华人民共和国首都后，
近 100 年的时光已过，
北京的变化可谓翻天覆地，
不仅成为所有中国人最引以为豪的城市之一，
在国际上也享有相当的知名度。

它文化底蕴浓厚，曾为明清两朝的都城，
保存着我国规模最大、最古老、最完整的宫殿建筑群——故宫，
传统的四合院建筑随处可见。
它政治地位极高，
坐落着毛主席纪念堂、人民大会堂等，
我国乃至国际上的诸多重大会议均在此召开；
它教育力量雄厚，
分布着清华大学、北京大学等全国最为著名的学府；
它还是我国最国际化、多元化的城市，
高楼林立的 CBD（中央商务区）与望京繁华无比，
每至夜晚灯光璀璨、五彩缤纷。
北京浓缩着一个国家的古朴与现代，
吸引了无数心存向往的人奔涌而来。

扫码查看
高清壁纸图

07 成都夜光⑪

拥有 2000 多万人口的成都，正在西部地区放射出愈加璀璨的光芒。它是我国九座国家中心城市之一，是成渝经济圈的核心城市，也是国家重要的高新技术产业基地，GDP 稳居全国各大城市前十。如果说这些荣誉还略显抽象的话，那么没有什么比从高空俯瞰“成都之夜”更直观的了。平坦的成都平原上，市区一圈一圈的环线，围合起整座城市的中心；从老城区中心的天府广场直达天府新区的人民南路—天府大道，连结起城市的过去与未来；地处城市西南的双流机场，是成都与外界沟通最重要的桥梁之一。通途万里，灯火千家，蜀道不难，生生不息。

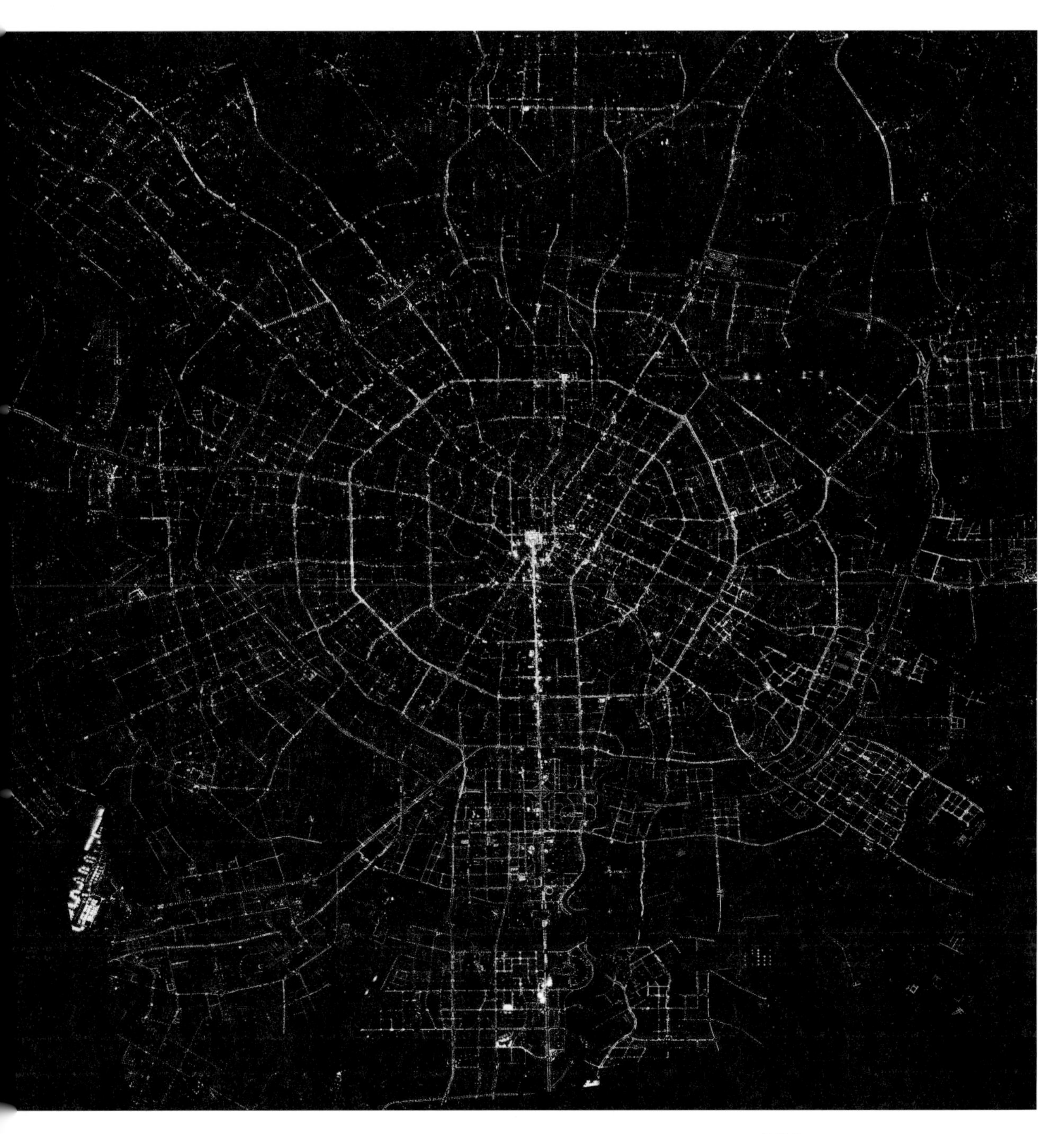

扫码查看
高清壁纸图

08 澳门㊣

澳门，从北至南

由澳门半岛、氹仔岛、路环岛组成。

它面积狭小，

仅有 32.9 平方千米，

一眼便可以看到边界。

它地狭人多，

拥有 65.9 万的人口，

在世界人口密度排行榜中位居前列。

这里还有一座座通达世界的码头，

缩短了澳门与世界的距离，

支撑起了持续百年的荣耀与繁华。

走进澳门的大街小巷，

你能看到传统朴素的中式古庙，

也能看到富丽堂皇的西式教堂。

若俯瞰而去，

坐落于广阔的陆地与无垠海洋之间的，

是一片充满希望与想象的新天地。

扫码查看
高清壁纸图

09 大兴国际机场㊌

这是世界上规模最大的单体机场，

位于北京市北，

占地足足 4.1 万亩，

相当于 98 个标准足球场大小，

形似一只浑身闪着金光的甲壳虫匍匐在地。

它就是大兴机场，

机场共 7 层，耗资 800 亿，

用时 5 年，集成了世界上先进的建设科技成果，

航站楼采用 12 800 块玻璃，

楼内 60% 的区域实现自然采光。

民航站坪设立了 223 个机位，

拥有 4 条运行跑道。

航站楼下有高铁穿行，

陆空无缝衔接，

此种布局为世界首个，

被英国《卫报》评为“新世界七大奇迹”之首。

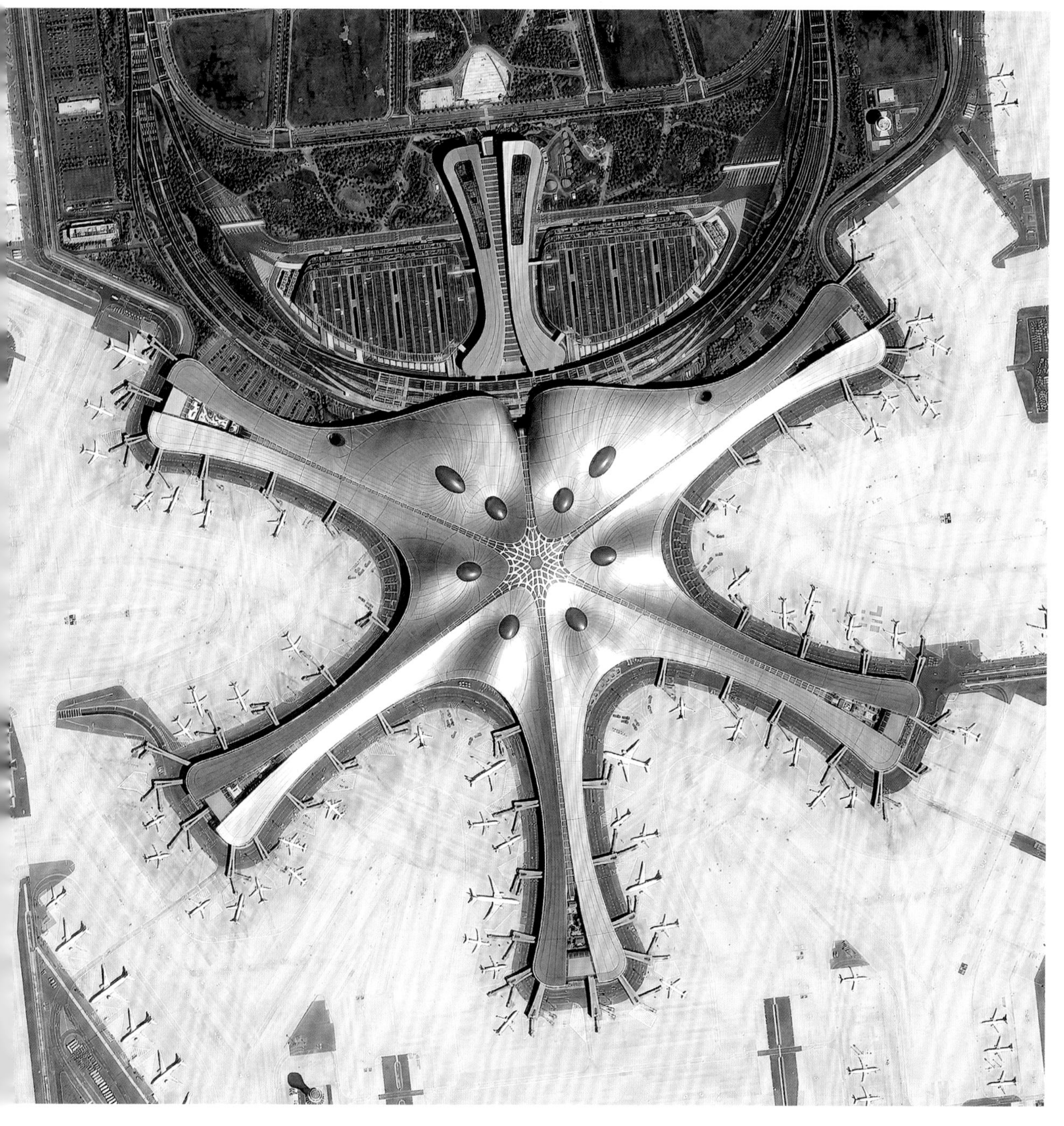

扫码查看
飞机识别图

10 工人体育场㊐京

1959 年，在北京东郊建成的北京工人体育场，开始承接中国各类大型赛事，包括 1959 年首届全运会、2004 年亚洲杯足球赛、2008 年奥运会足球赛，被北京球迷戏称为“北京最大的四合院”。2020 年，北京工人体育场复建，整体面貌焕然一新。馆内，观众座位增加至 6.8 万个，第一排距离草坪最近为 8.5 米，运动员脸上的汗珠也清晰可见；馆顶，犹如蛋壳的银白色罩棚构造为观众遮风挡雨，夜晚流光溢彩，造型动感时尚；馆外，占地 10 平方米的绿色林园以及 3 万平方米的湖区，融汇出丰富多彩的“城市公园综合体”。

扫码查看
历史影像图

11 成都天府国际机场 ⑪

继北京、上海之后，成都成为了中国第三个拥有两座国际机场的城市。

2021 年 6 月 27 日，

位于成都东部新区的成都天府国际机场正式通航，

“天府”之名由此从成都飞向世界各地。

从高空俯瞰，这座新机场极具成都特色：

简洁对称的航站楼，

形如驮日飞翔的太阳神鸟张开翅膀，

寓意着古蜀文明在成都的辉煌。

3 条跑道铺陈于航站楼两翼，

可满足年旅客吞吐量 6000 万人次，

超过双流机场成为成都国际航空枢纽的主枢纽。

2022 年 1—5 月，

在成都天府国际机场的加持下，

成都的旅客吞吐量达到 1274 万人次，

雄踞全国第一。

成都天府国际机场 | 前期

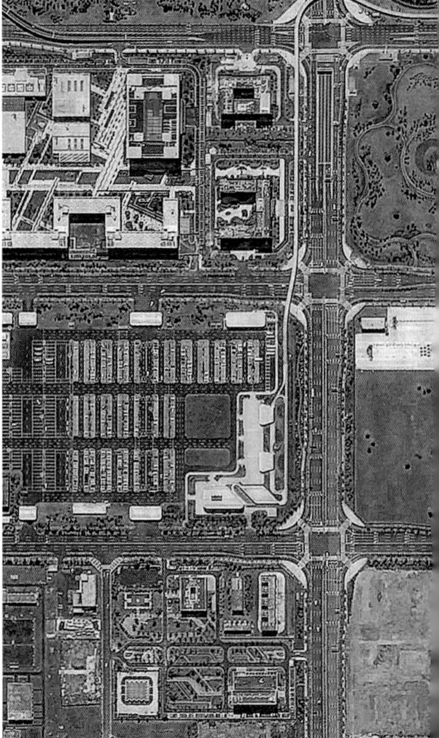

成都天府国际机场 | 后期

12 上海迪士尼 沪

以迪士尼影视作品为基础打造而成的迪士尼乐园，

是世界上最大的综合性主题公园。

2016 年 6 月 16 日，

中国内地终于迎来了首家迪士尼乐园的开园，

它的所在地上海，

也引起了全国迪士尼粉丝的热议，

成为浦东区的“网红打卡地”。

园区建设以奇幻童话城堡为中心，

四周分布着米奇大街、迪士尼·皮克斯玩具总动员等

在内的 7 个主题园区，

并融汇了中国风的设计，

为人们展示着一场奇妙梦幻的童心之旅。

据相关统计，至 2022 年 10 月，

这里累计接待国内外游客达 1.0334 亿人次。

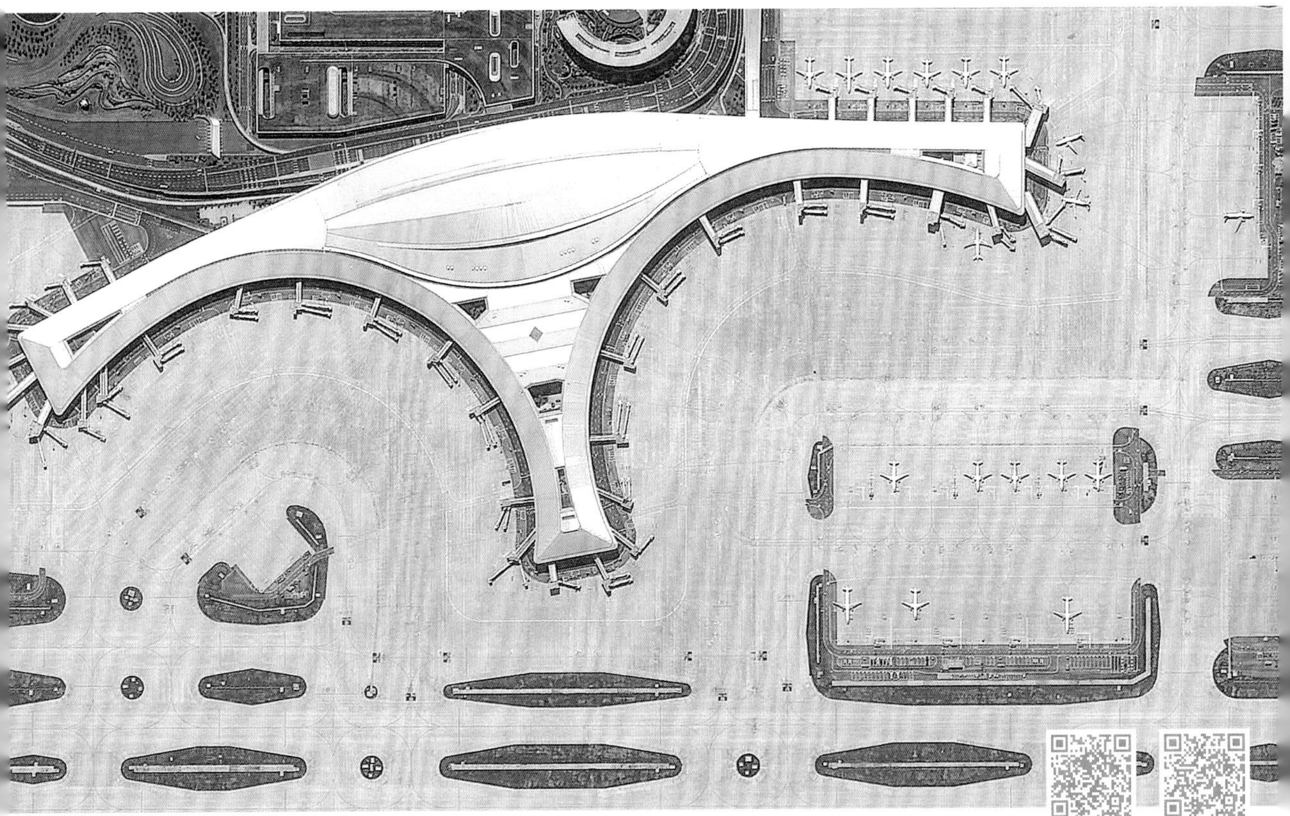

扫码查看
高清壁纸图

扫码查看
卷帘对比图

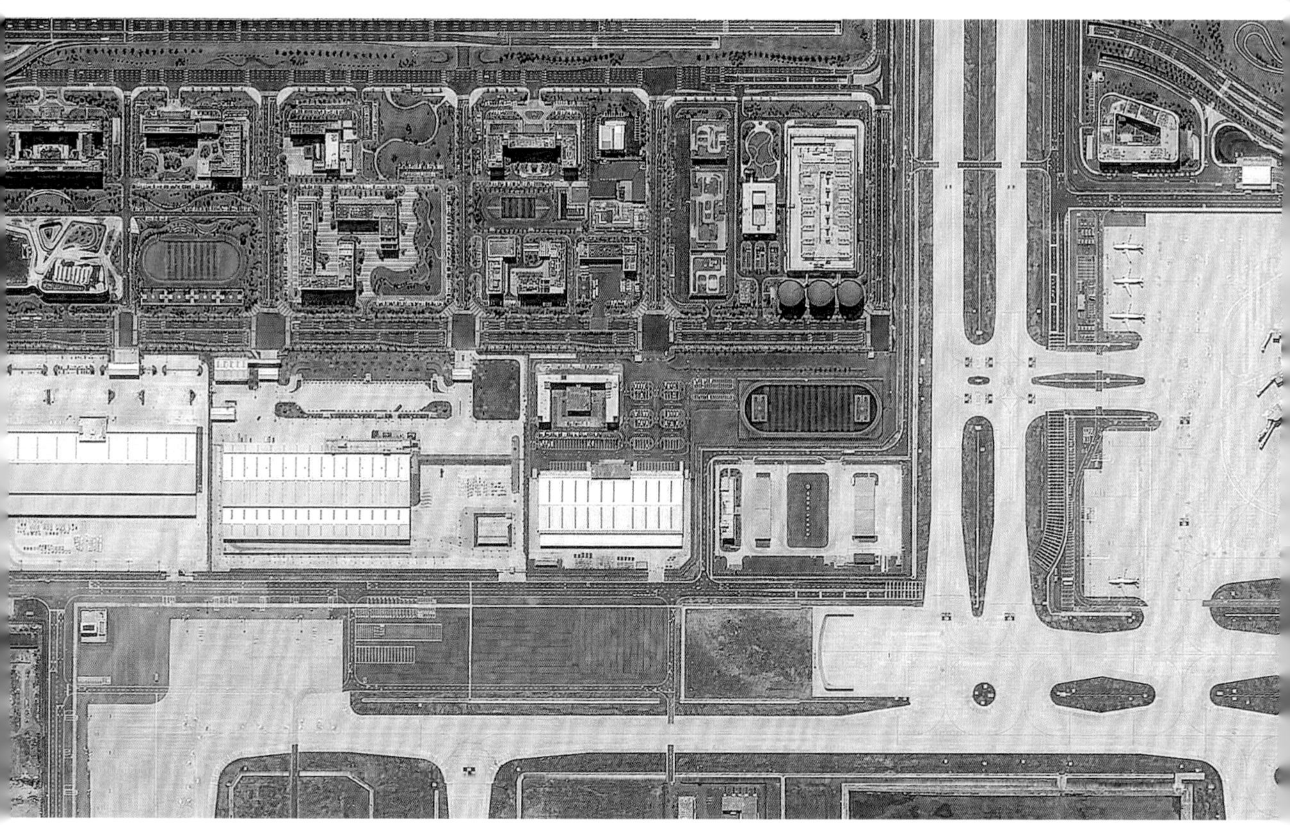

13 中国天眼㊪

在贵州省平塘县的青山丛峰之中，一个圆白色的巨大物体静静躺在天空之下。这是一台射电望远镜，并且是全世界最灵敏的射电望远镜，与过去称霸世界第一的阿雷西博射电望远镜相比，它的口径（内直径）增加了195米，综合观测能力提高了10倍。它就是“fast”（即Five-hundred-meter Aperture Spherical Telescope，500米口径球面射电望远镜），当然，它还有另一个更加霸气的名字——中国天眼。借助这只“天眼”，我们可以接收137亿光年以外的电磁信号，窥探更多暗弱辐射源。由于这种望远镜重量极大，容易因自重造成变形，所以贵州喀斯特地貌中自然形成的洼地，最终成为了这台望远镜的家园。

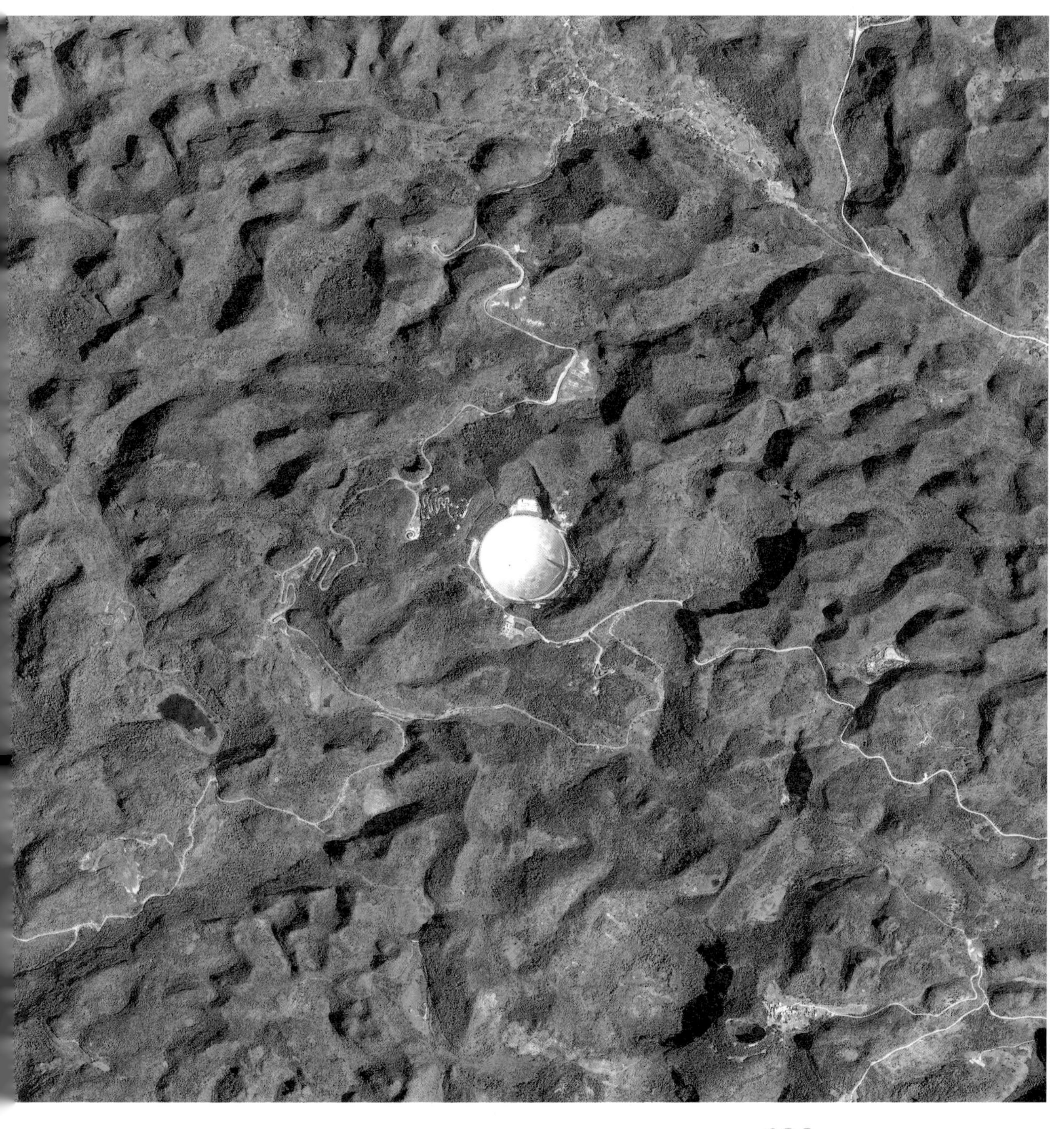

扫码查看
高清壁纸图

14 喀喇昆仑公路·喀什至塔县段㊣疆

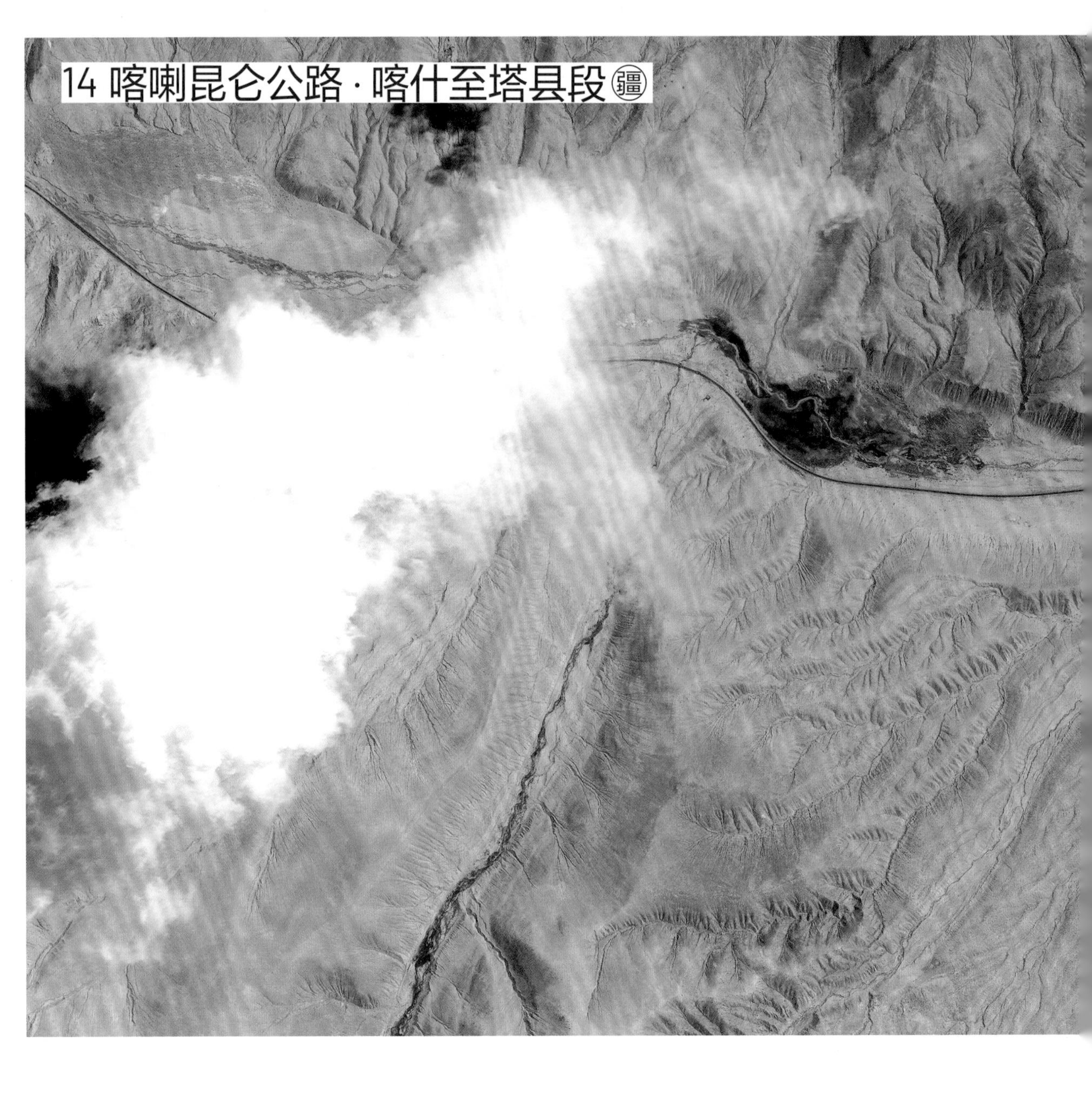

全长 1032 千米的喀喇昆仑公路，是世界上海拔最高的跨境公路，穿越了平均海拔 6000 米以上的喀喇昆仑山以及平均海拔 4500 米以上的帕米尔高原。20 世纪 60 年代，中巴双方议定从海拔 4700 米的红其拉甫山，分别向各自方向修建。由于此处地质情况复杂，常常发生雪崩、塌方等自然灾害，有 700 余名工人为此献出了生命。历经十余年建设，这条连接中巴的唯一陆上通道终于通车，又被人称作“中巴友谊公路”，国内段还有另一个大名鼎鼎的名字，即 G314。它守护着中国西部边境的巍峨高山，同时沟通着中巴两国的合作发展，具有重要的战略和军事意义。

扫码查看
高清壁纸图

这条路线几乎与横断山平行坐落，
沿着澜沧江大峡谷一路北上，
时而盘旋至山顶看千年积雪；
时而俯视落差达 3000 米的峡谷，激动人心；
时而观大江并行，惊涛骇浪。

横断山区在中国西南部纵贯南北，
三条大江同样由南到北切开山地，声势壮阔，
此景又被称为“三江并流”。
若你想欣赏这般风光，
自驾滇藏线绝对是不可或缺的方式。

除此之外，
横断山区还是中国物种最为丰富的地区之一，
珍稀生灵不时出没，
而滇藏线正是这些极致美景的汇聚之路。

扫码查看
高清壁纸图

一条金沙江，劈开藏与康。

这里是青藏高原最东缘，

也是横断山脉挤压最剧烈之处，

默默无闻的江达县正位于这里。

从前，这里只有牧民驱着牦牛迂回而过，

地广人稀，贫穷闭塞。

1950 年，中国人民解放军横渡金沙江来到江达，

开启了西藏解放的大门，

也吹响了连接西藏与内陆地区的号角。

从 1951 年起，
连接雅安（原西康省省会）
与拉萨的公路（即康藏公路）开始修建。
是一场与悬崖峭壁、险川大河、风雪荒原的较量，
2000 多名军民为这条公路献出了生命。
历经 3 年苦战，
康藏公路全线通车，
包括江达在内的大半个西藏，
从此步入发展的坦途。

如今，康藏公路已作为川藏公路北线，
成为 317 国道的一部分，
无数人驾车在这起伏的峡谷中追寻极致的风景，
无数人穿过江达，
踏上前往雪域高原的旅程。

扫码查看
高清壁纸图

17 沪渝高速 · 恩施段㊀鄂

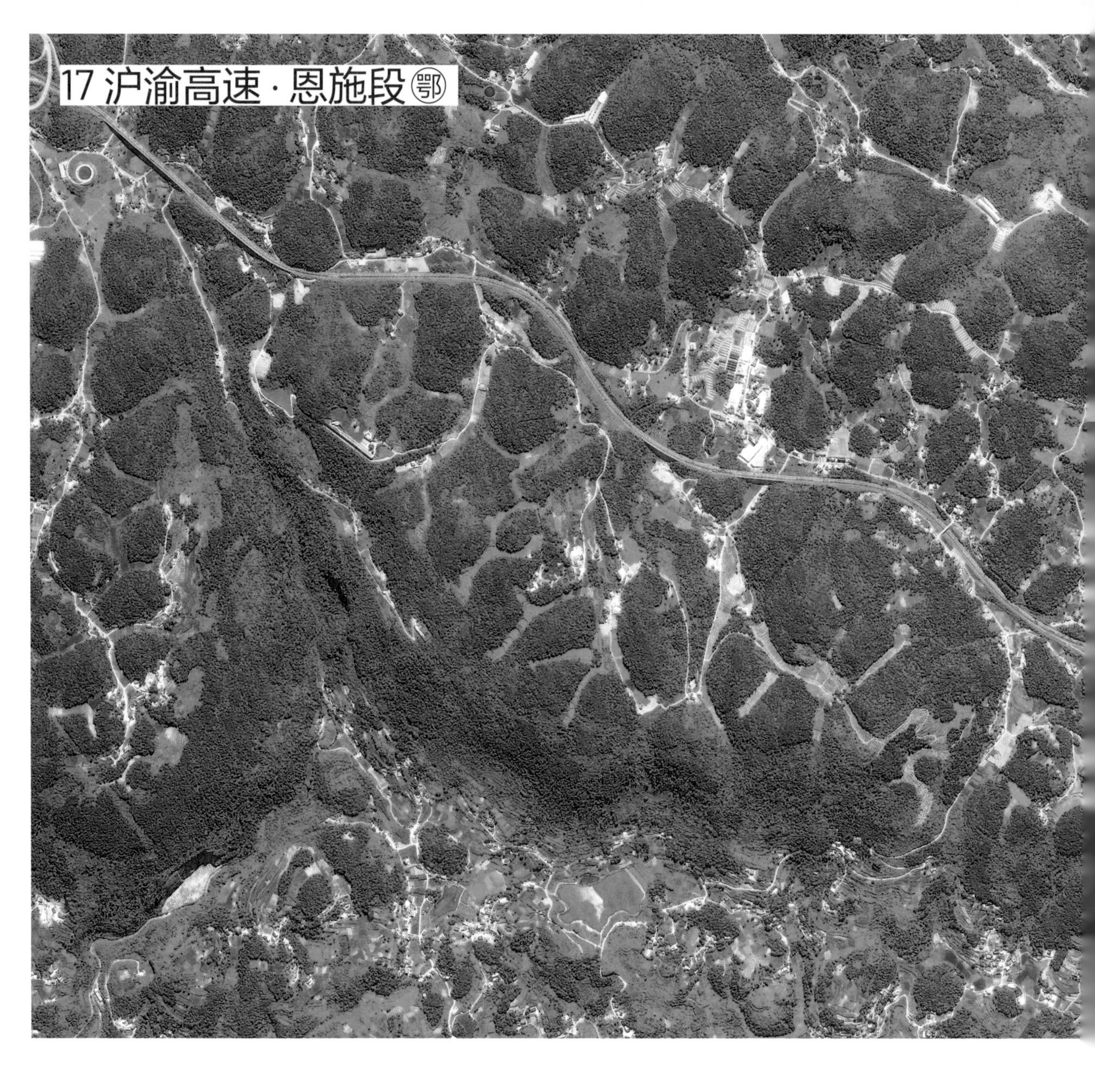

从上海到重庆，

一条长达 1768 千米的高速公路

自东向西横贯中国，

这就是 G50 沪渝高速。

它沿途穿越江南水乡，

也翻越重峦叠嶂，

一路风景如画，

绿意盎然。

在它经过的所有地级行政区中，

湖北恩施段是最长的一部分。

这里地处长江上游、中游过渡地带，

巫山、武陵山、大娄山三座山脉在此千峰

汇成或许是沪渝高速沿线最震撼的

500 米到 3000 米的起伏山峦横列两旁，

高低错落间，

星罗棋布着一个个谷地。

百川发源，

清江、酉水、沿渡河等大小河川奔涌相汇，

最终流入浩瀚长江。

人们傍山而居、依水而生，

在缓坡开辟层层梯田，

将生存的智慧发挥到极致。

扫码查看
高清壁纸图

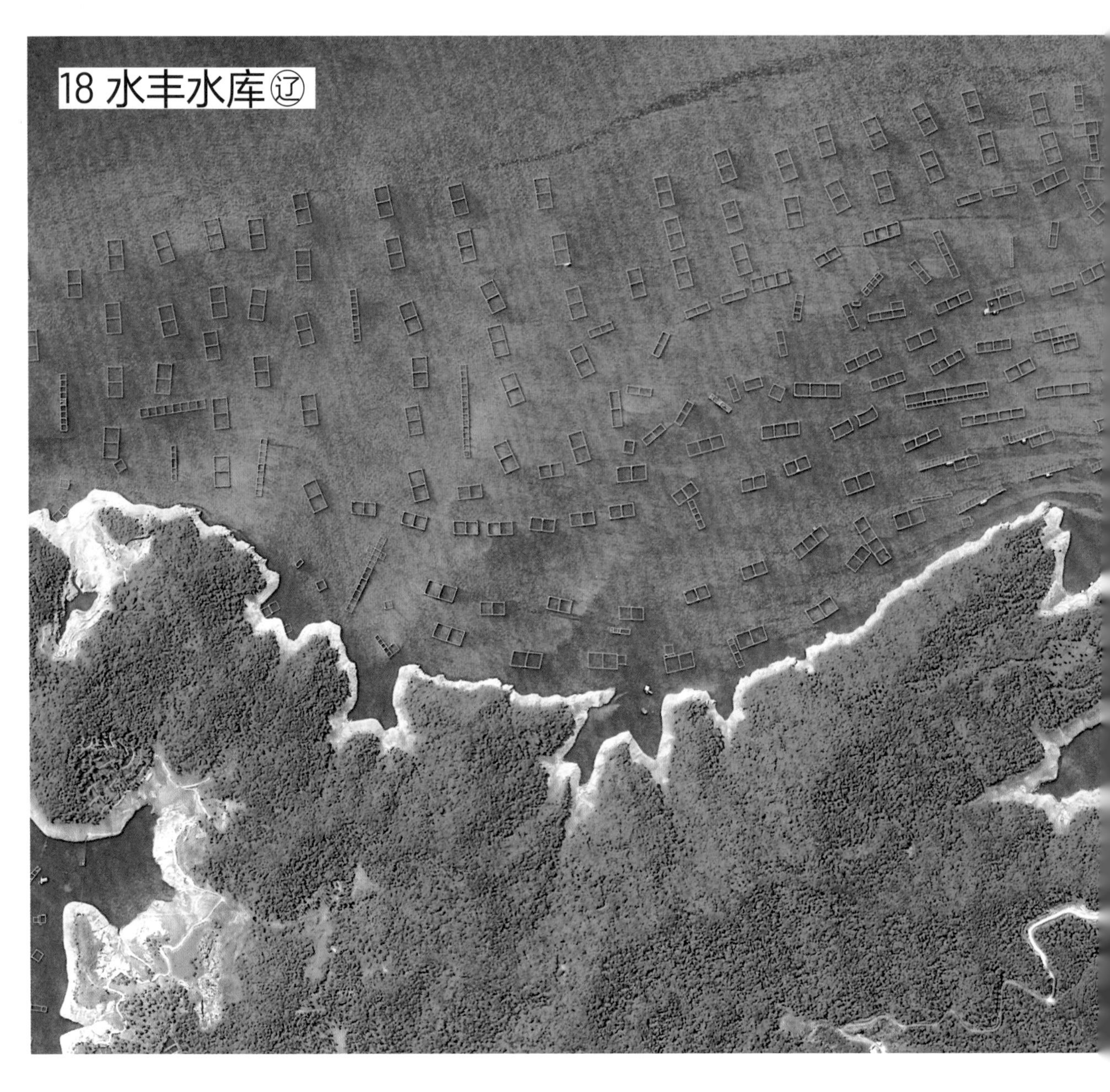

水丰水库，

不仅是东北地区最大的水库，

还是中国和朝鲜共有的跨界水库。

这座水库蓄水面积达 357 平方千米，

蓄水量达 116 亿立方米，

堪称鸭绿江中游上的“水袋子”。

水库两岸多悬崖峭壁，植被覆盖率

江水的清澈浩渺与碧绿苍山融为一体

水中则生活着 100 多种鱼类，

如鳜鱼、鲤鱼、鲫鱼、鲶鱼等，

当地人民甚至在此引入了网箱养殖，

对不同食性的鱼类实施差异化管理。

19 青藏公路㊔

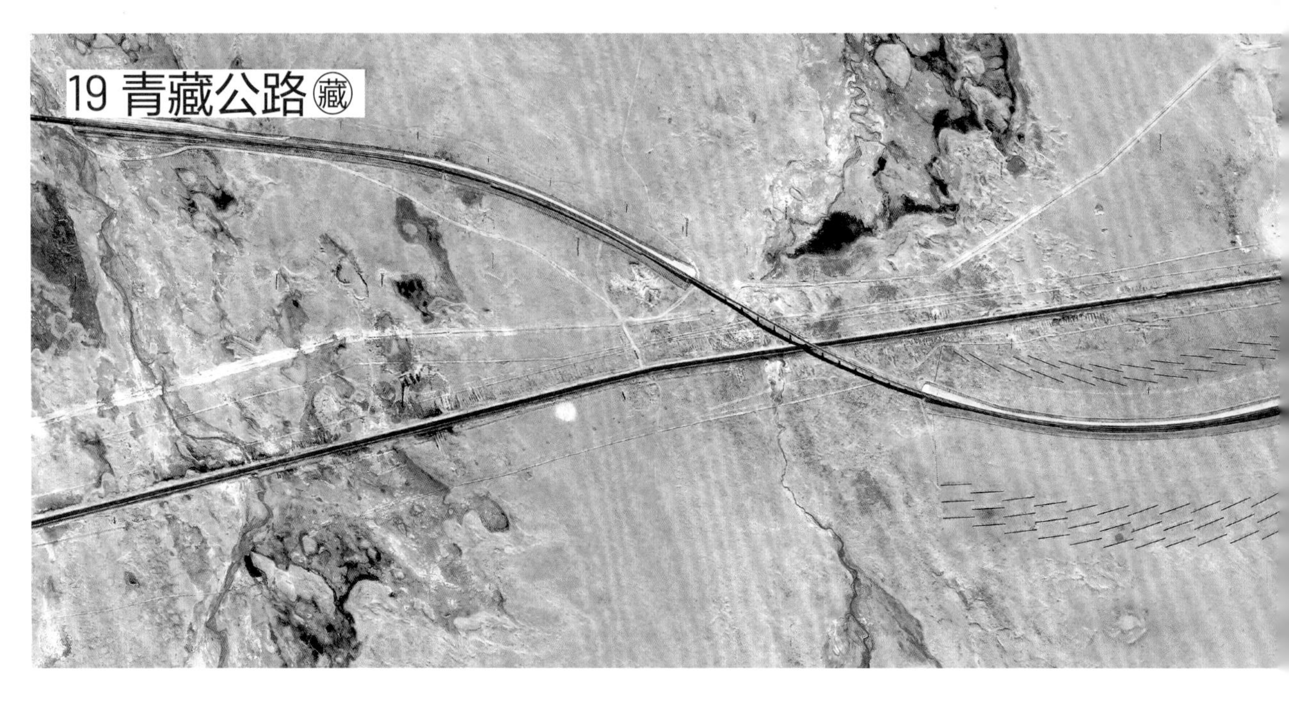

青藏高原，

是世界上海拔最高的地区，平均海拔 4000 米，

而位于这里的青藏公路，也被称为“天路”。

它东起青海西宁，西至西藏拉萨，需要翻越无数高山垭口。

更大的困境在于地下，

由于高寒地区冻土广布，

岩土易发生膨胀或冻融。

从上个世纪起，我国专家便开始研究高原冻土，

历经数代人摸索，才让这条高原道路得以展现在我们眼前。

青藏公路的出现，

改变了人背畜驮的运输方式，

为当地人们的生活带来了翻天覆地的变化。

20 青岛胶州湾大桥㊮

飞架胶州湾两岸的青岛胶州湾大桥，
全长约 41 千米，似“长虹卧波”，又似“蛟龙出海”。
它于 2011 年通车，
不仅是目前中国北方最长的跨海大桥，
也串联了山东滨海城市的壮阔美景。
该桥建有美观大气的海上互通立交，
曲线优美动人，
虽然从图上来看它的桥身十分纤细，
其性能却可以抵抗百年不遇的大风。
2011 年，它被美国《福布斯》评为“全球最棒桥梁”。
作为国际性综合交通枢纽之一的青岛，
也将在胶州湾大桥的连接下，
不断加快发展的脚步。

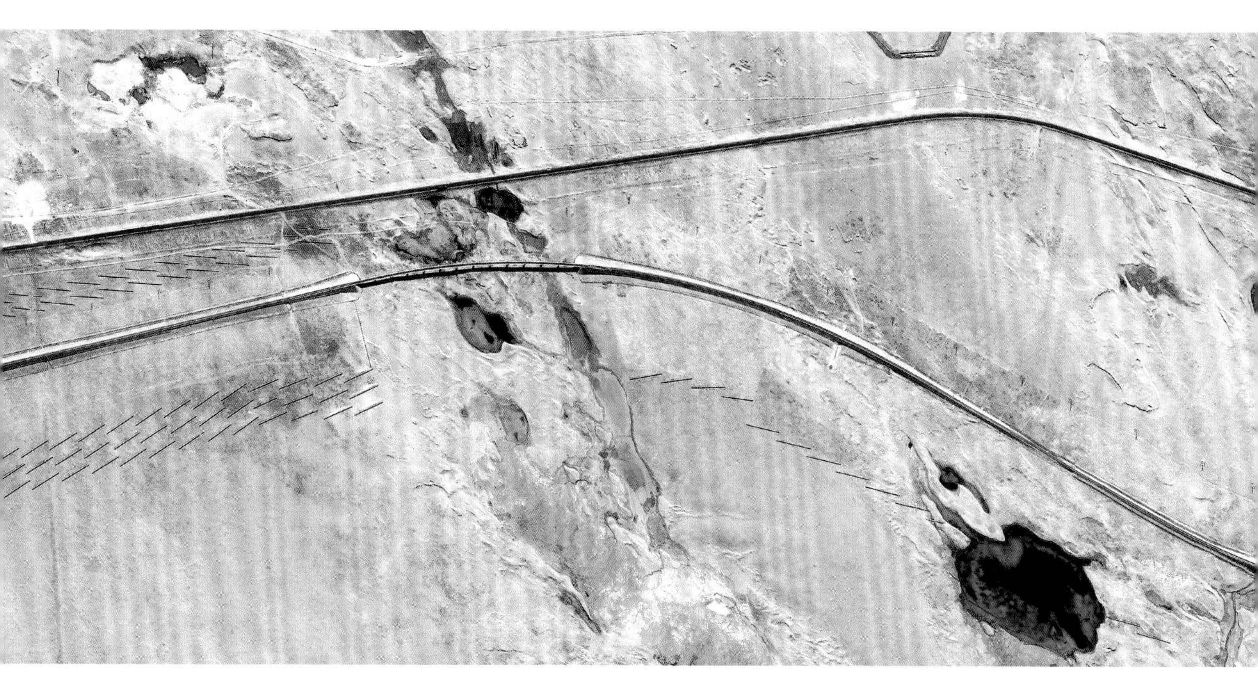

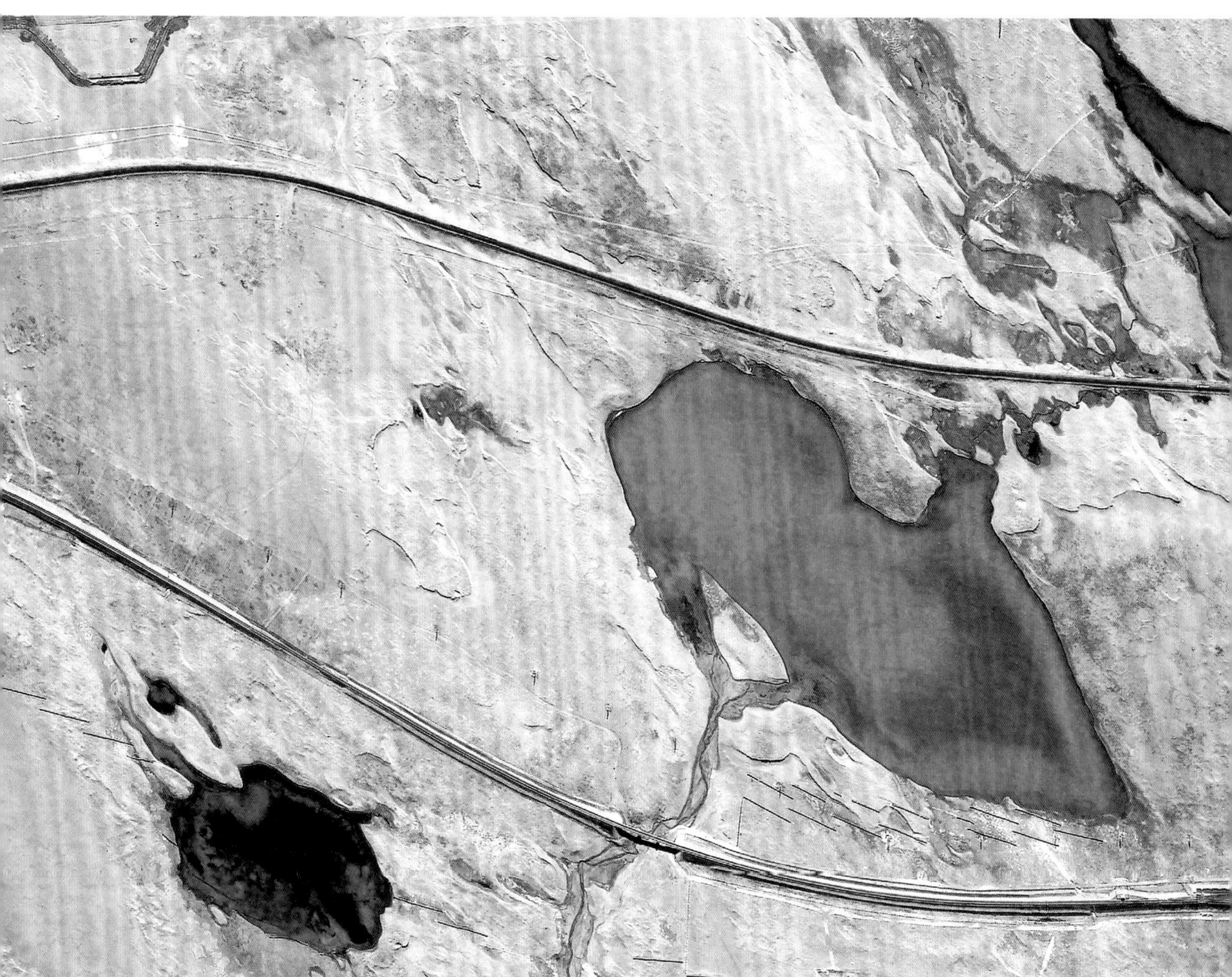

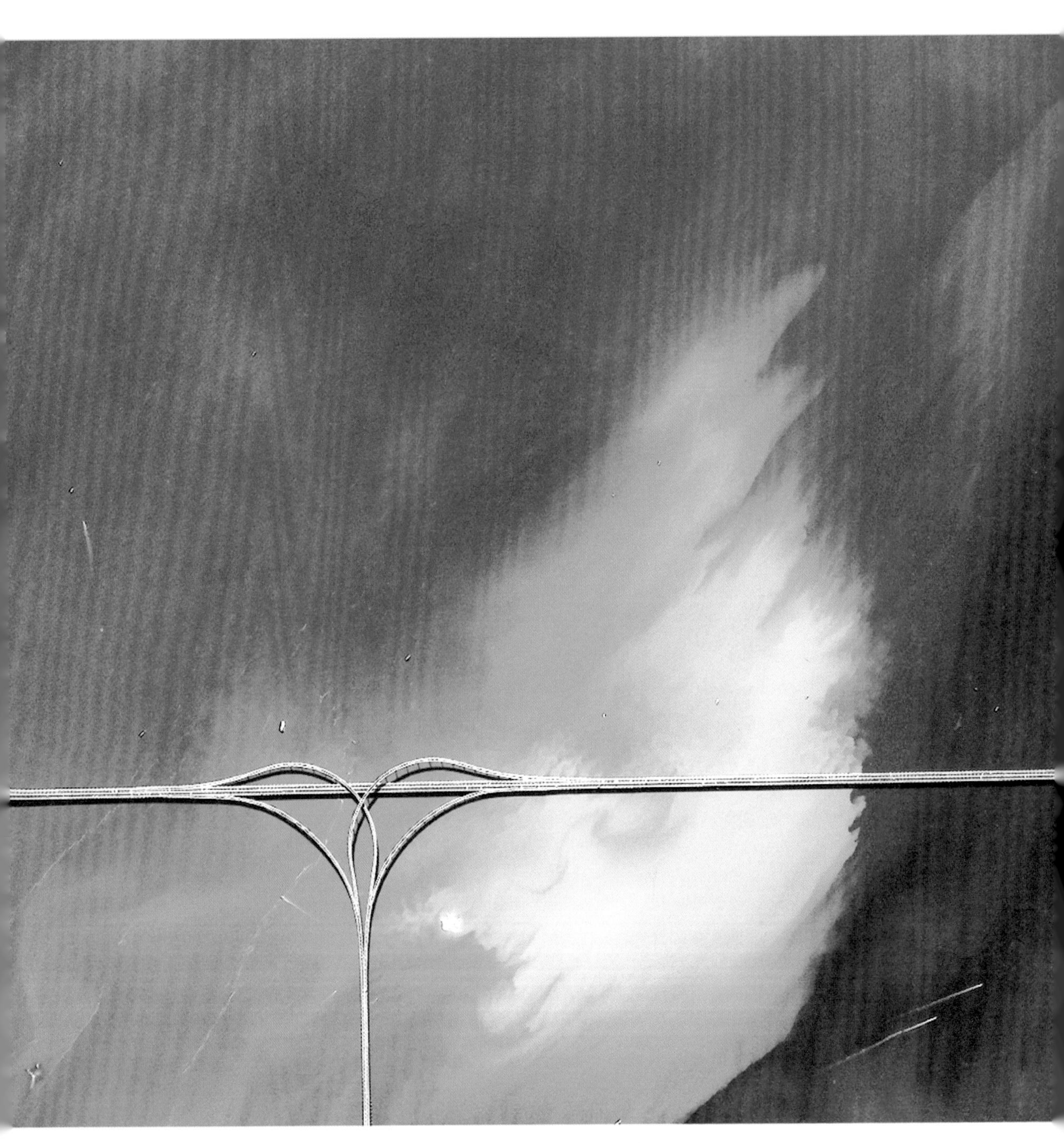

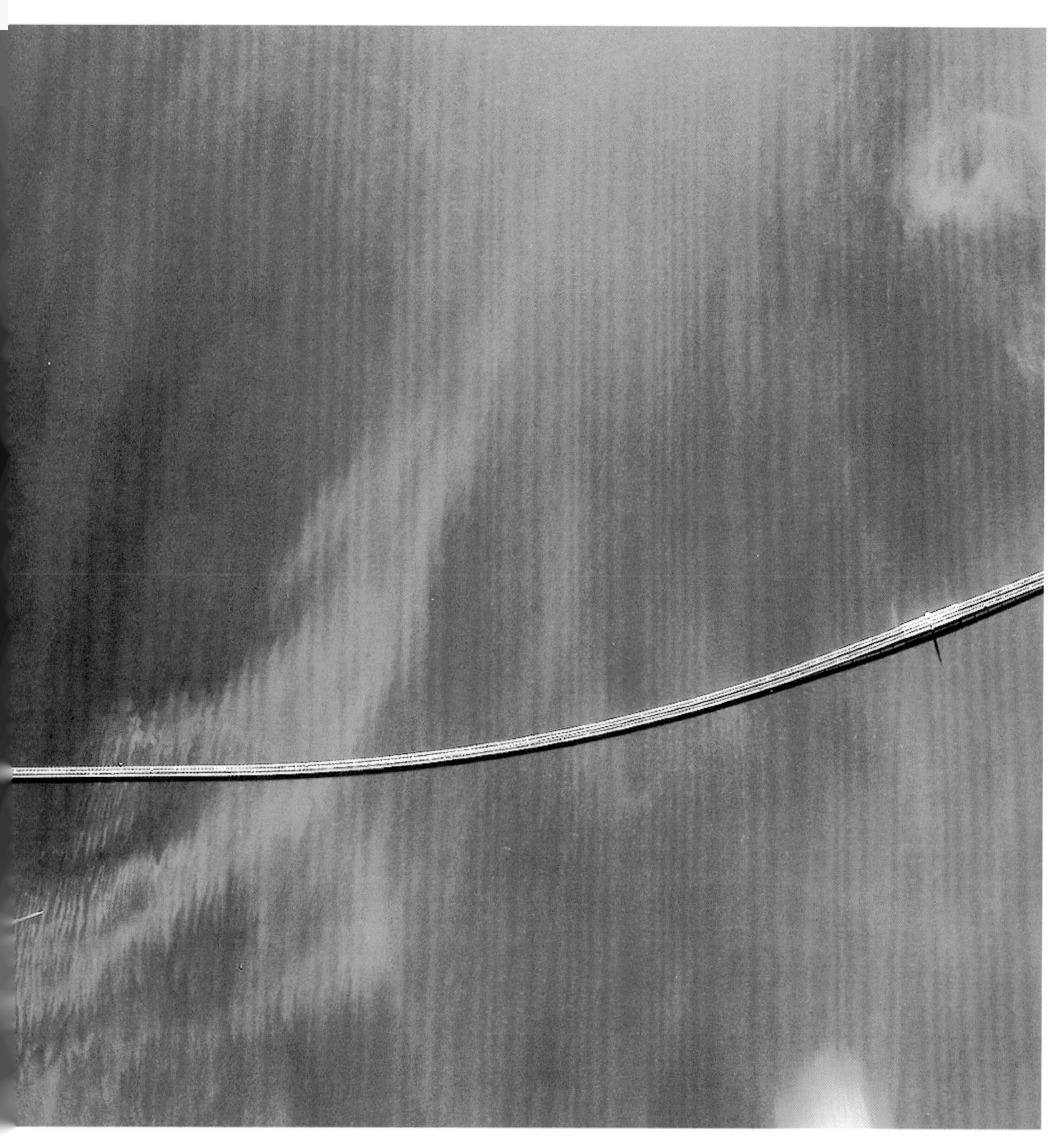

21 港珠澳大桥 粤 港 澳

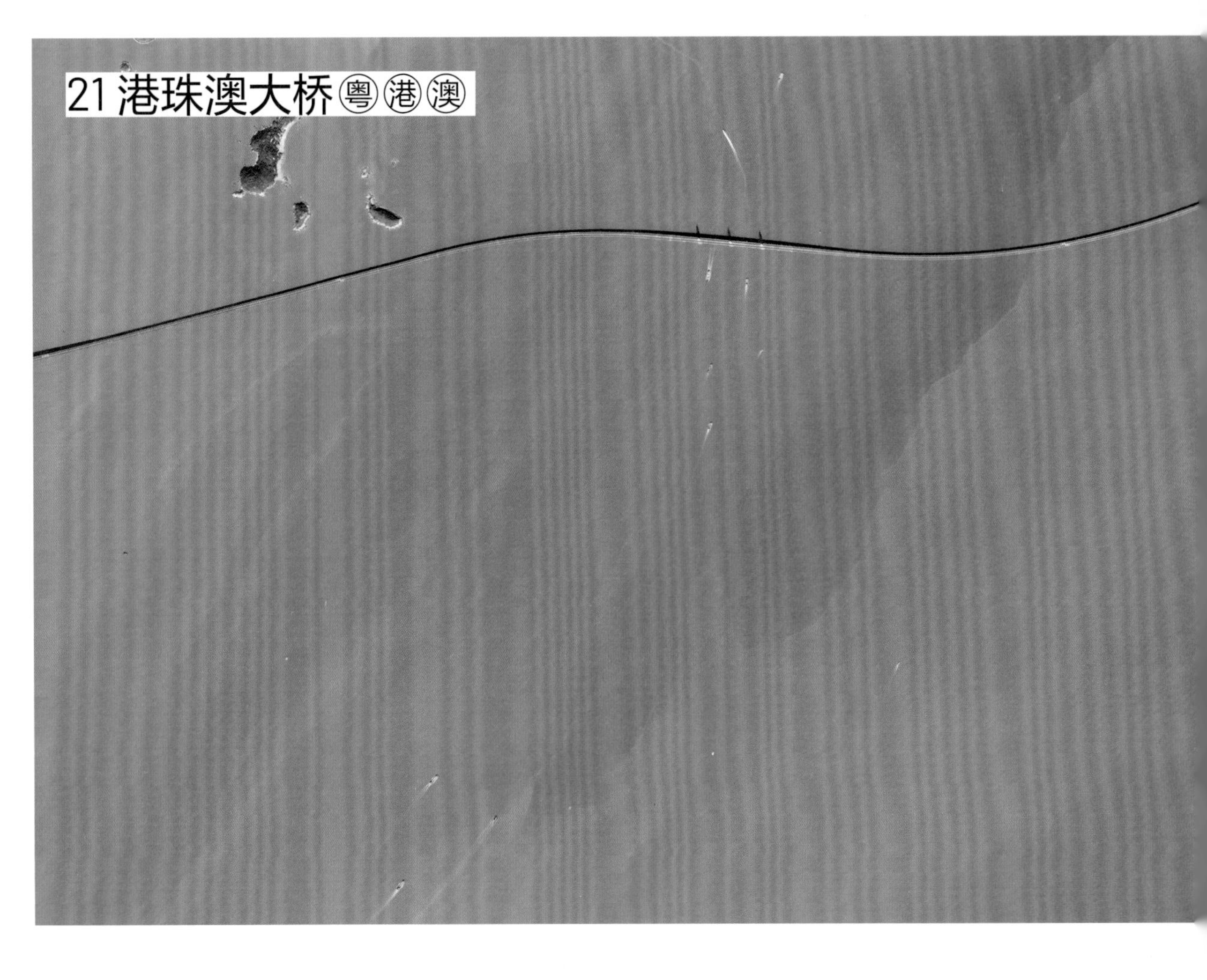

2018 年 10 月 24 日，

世界最长跨海大桥——港珠澳大桥全线通车。

它如一条海上丝带般连接着香港、珠海、澳门，

总长 55 千米，包含 22.9 千米的海上桥梁

以及 6.7 千米的海底隧道，

建设了整整 9 年时间，

有 3 万多人参与，

创造了多个世界第一，

如世界最长海底隧道、

世界最大沉管隧道、

世界最长钢铁大桥，

仅桥主梁钢板的用量就高达 42 万吨，

相当于 60 座埃菲尔铁塔。

这些都代表着我国桥梁建设的能力，

已达到了世界先进水平，

同时粤港澳地区之间的联系也将因此更为紧密，

为这里的大湾区建设插上了腾飞的翅膀。

22 福清兴化湾海上风电场 闽

海上风电是可再生能源发展的重点领域。

充分开发我国丰富的海上资源，

能为“碳双减”目标助力。

2022 年 10 月，

我国自主研制的亚太地区单机容量最大的风电机组，

在福建福清正式上线。

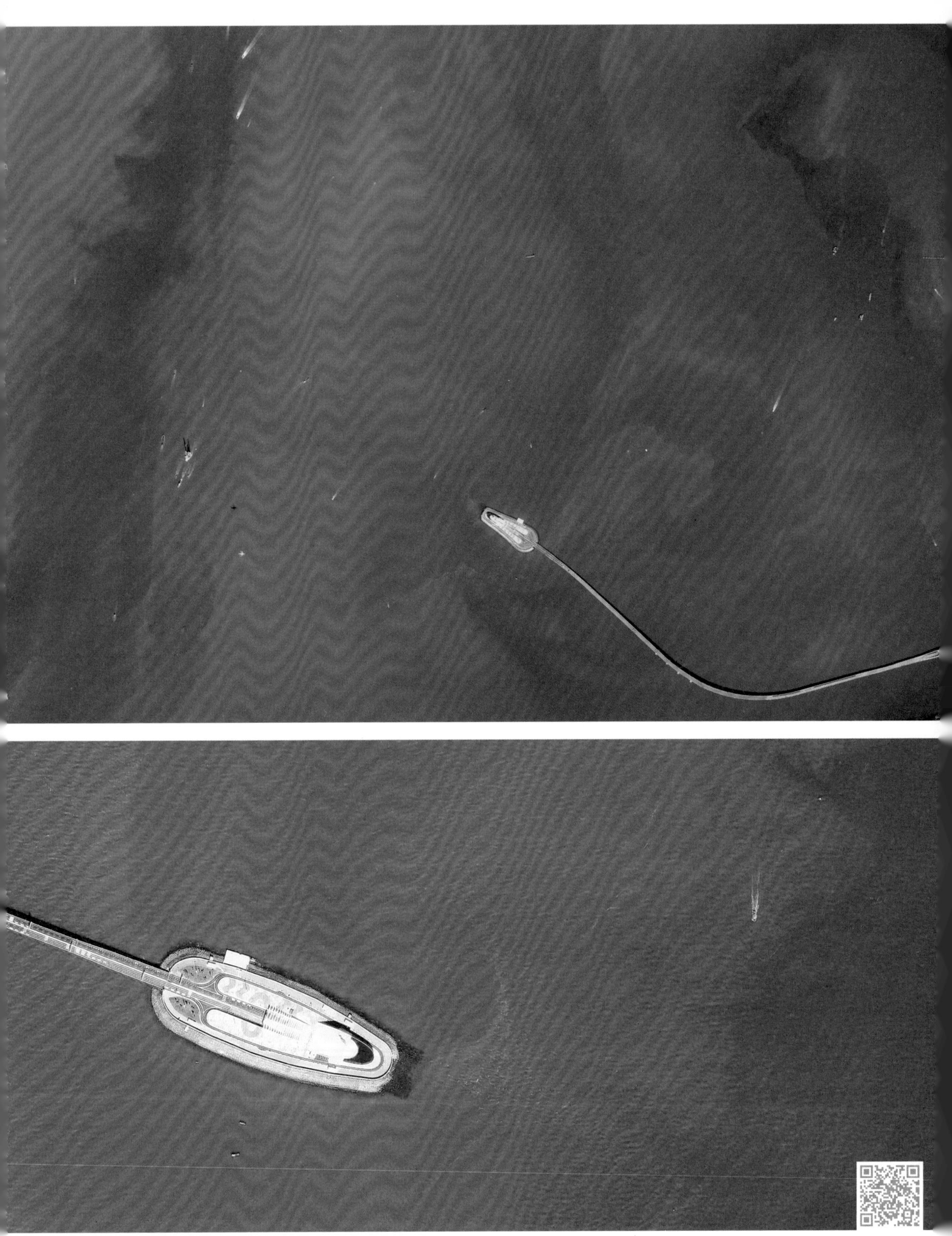

扫码查看
高清壁纸图

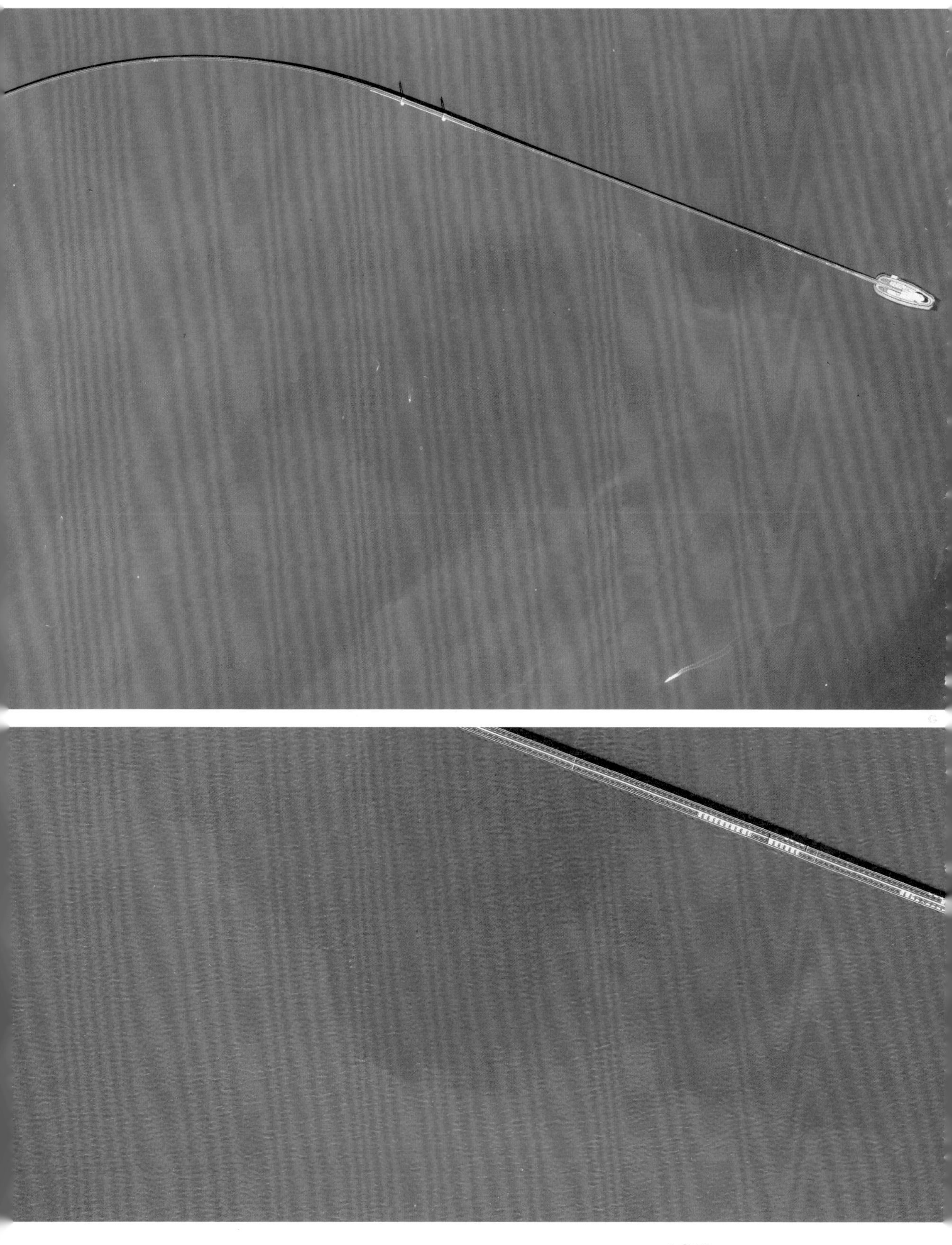

在满发风速下，
单台机组每年可输出 6350 万千瓦时清洁能源，
满足 3 万多户家庭一年的正常用电。
海湾中，数十台风电机组整齐排列，
叶轮正迎风转动，
将阵阵海风化为清洁能源，蔚为壮观。

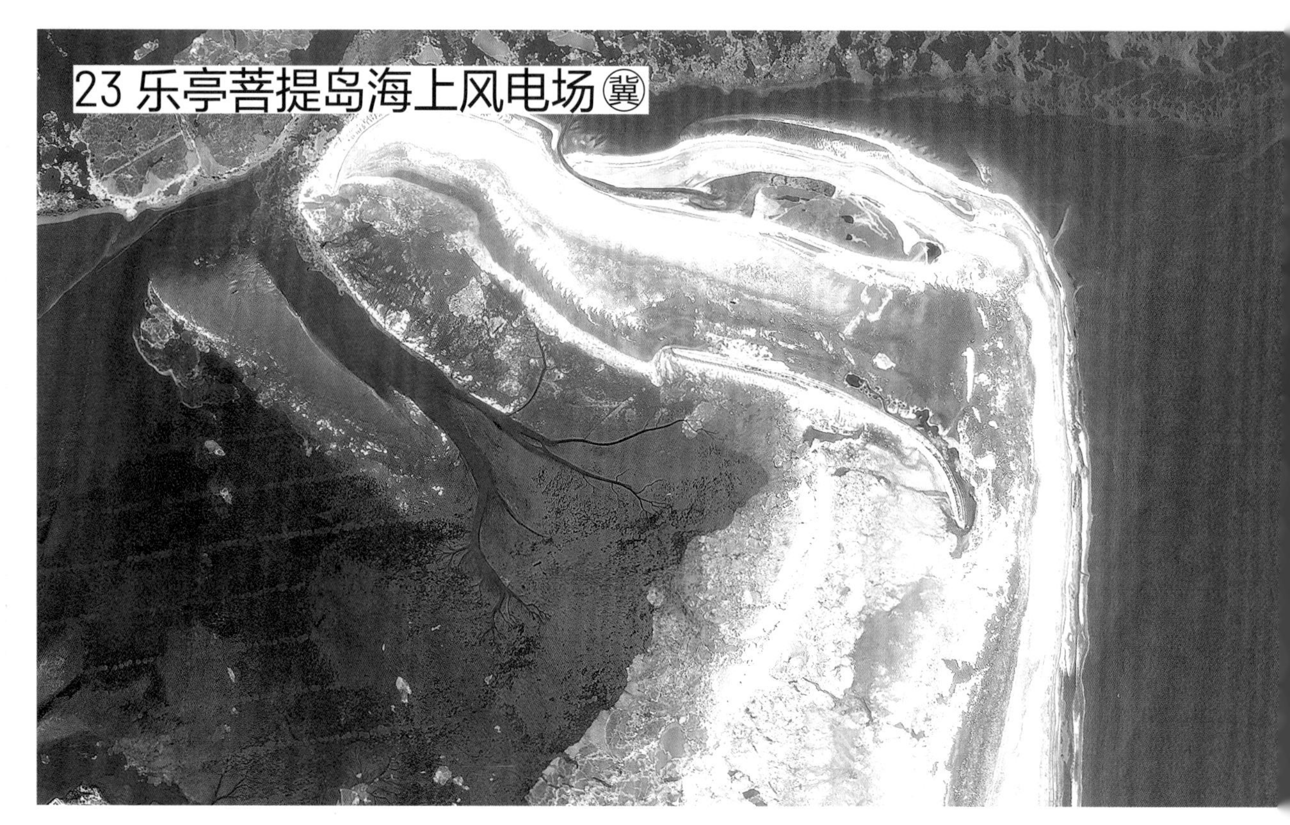

在石油资源日趋严峻的当下，

开发海上的风力资源成为能源角逐的新领域。

2020 年 6 月 24 日，随着最后一台风机叶片

在乐亭菩提岛近海徐徐转动，

河北省首个海上风电项目，

宣布全部风机并网发电，

就此开启了“海上风电时代”。

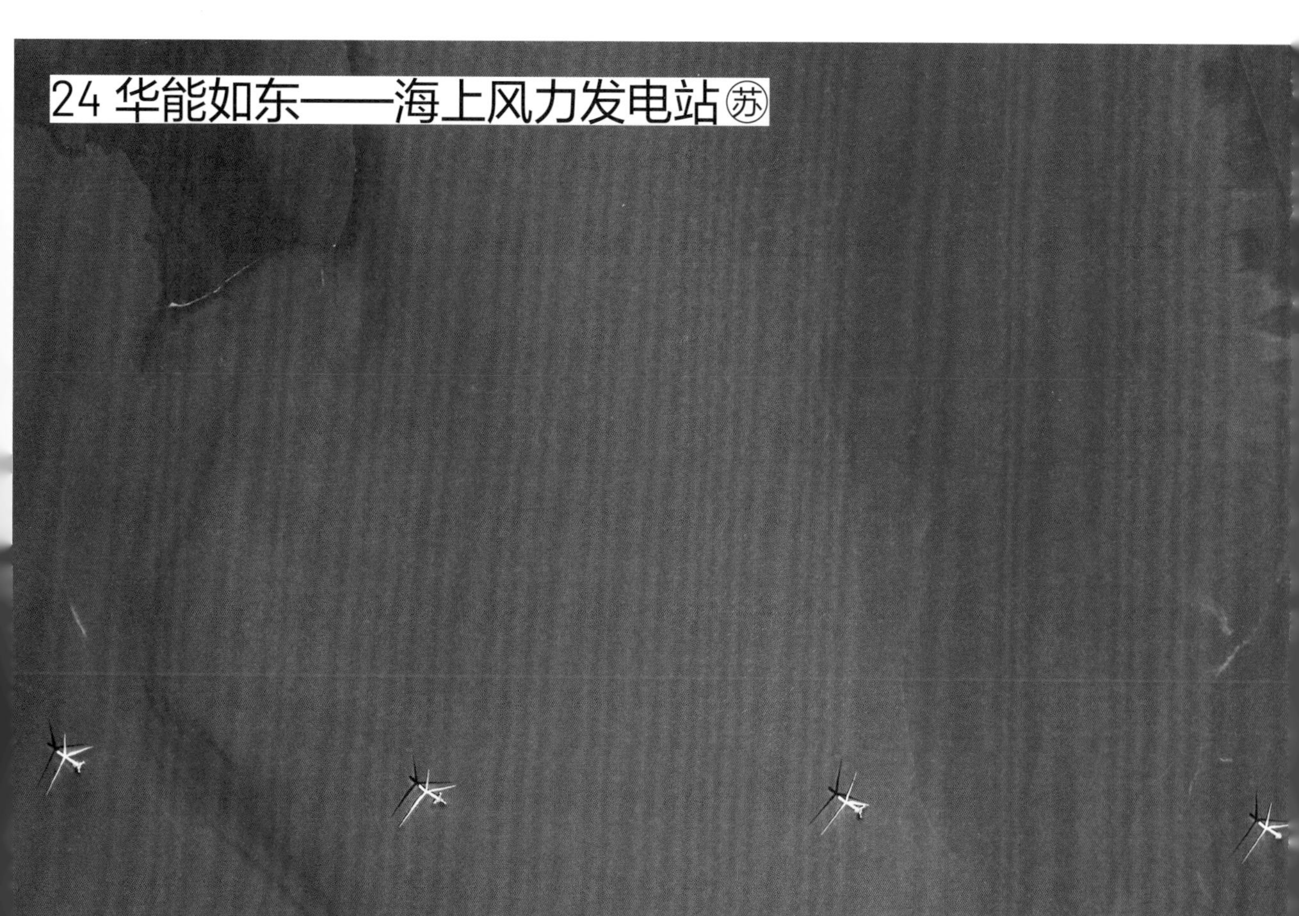
24 华能如东——海上风力发电站㊣

194

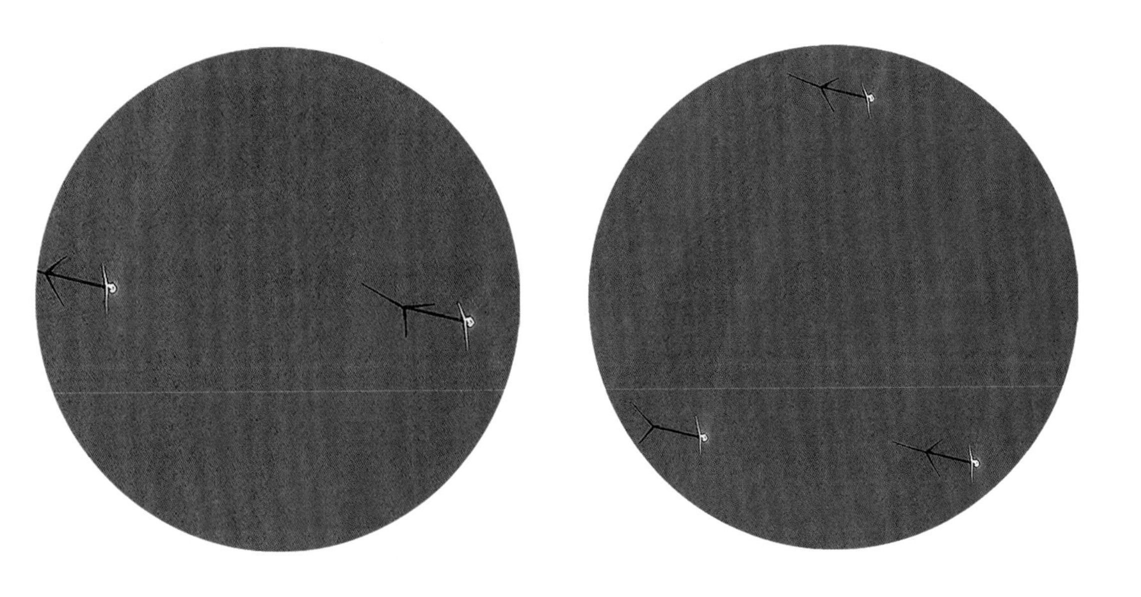

扫码查看
风机识别图

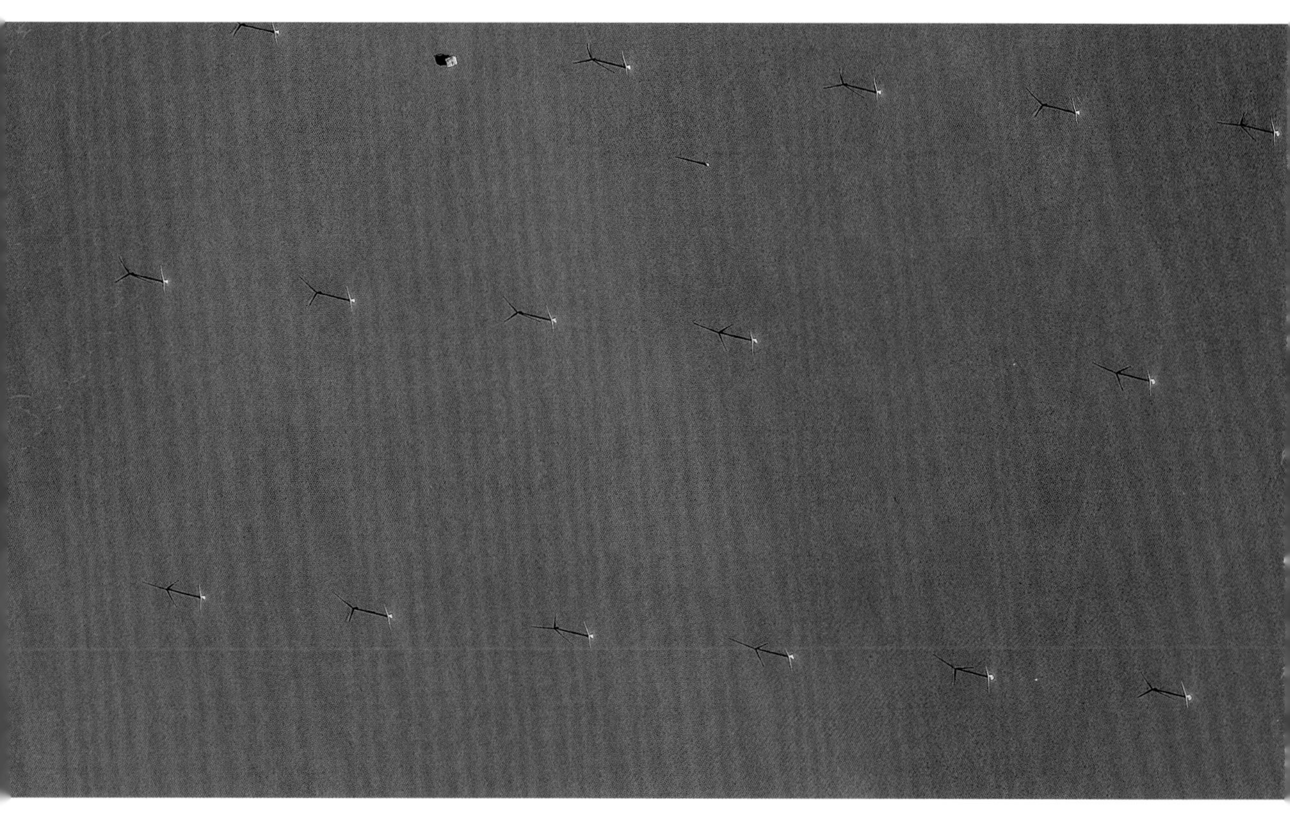

该风场也是国内首个低温型海上风场，

共安装了 75 台单机容量为 4 兆瓦的风电机组，

预计年发电量 7.6 亿千瓦时，

为全国低温型海上风场的开发提供了经验借鉴。

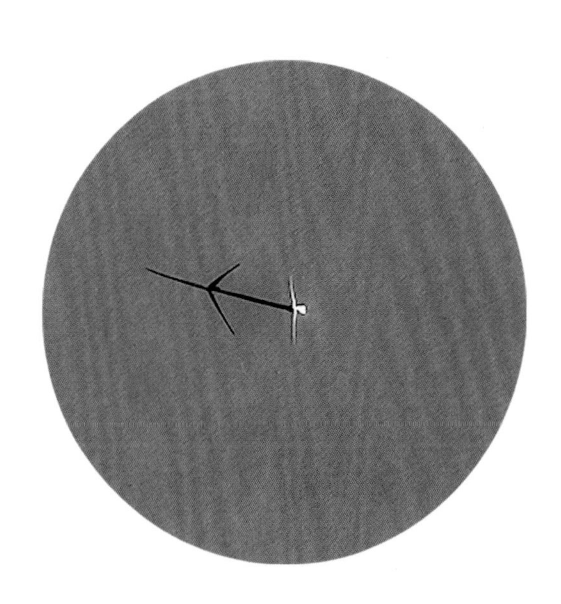

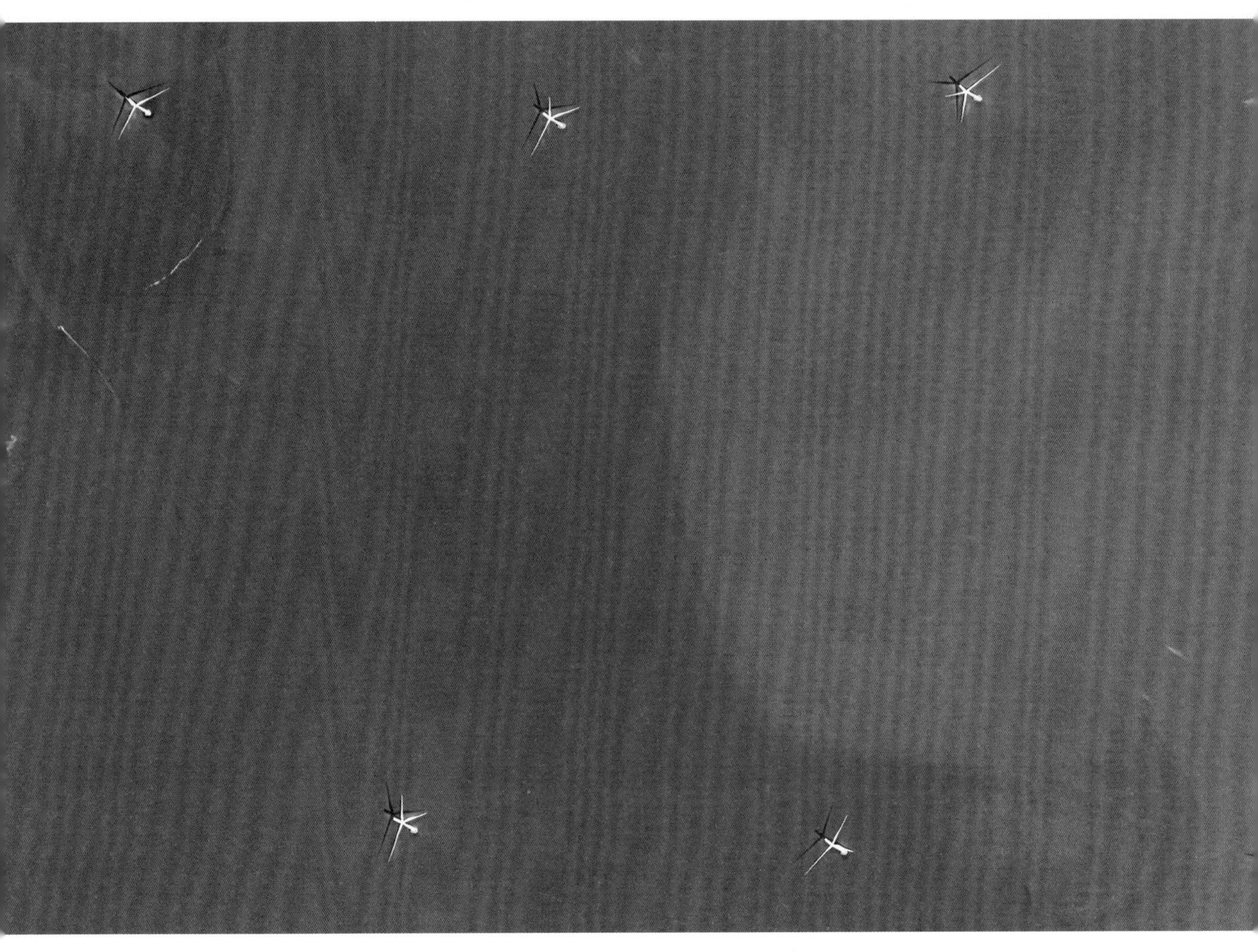

随着全球“减碳”步伐的加快，

海上风电成为新能源的宠儿，

近年来蓬勃发展。

位于江苏省东南部的如东县，

濒临东海，

大风天气较多，

风能充足。

海岸线上的连陆滩涂，

正是建立风力发电站的宝地。

自 2001 年在此设立风电特许权项目起，

20 余年岁月流转，

如东已安装风机超过 1000 台，

输送电力超 300 亿千瓦时，

约占全省的 1/3。

在海上不断旋转的风机叶片，

让这座低调的滨海小城，

逐渐走入全国人民的目光之中。

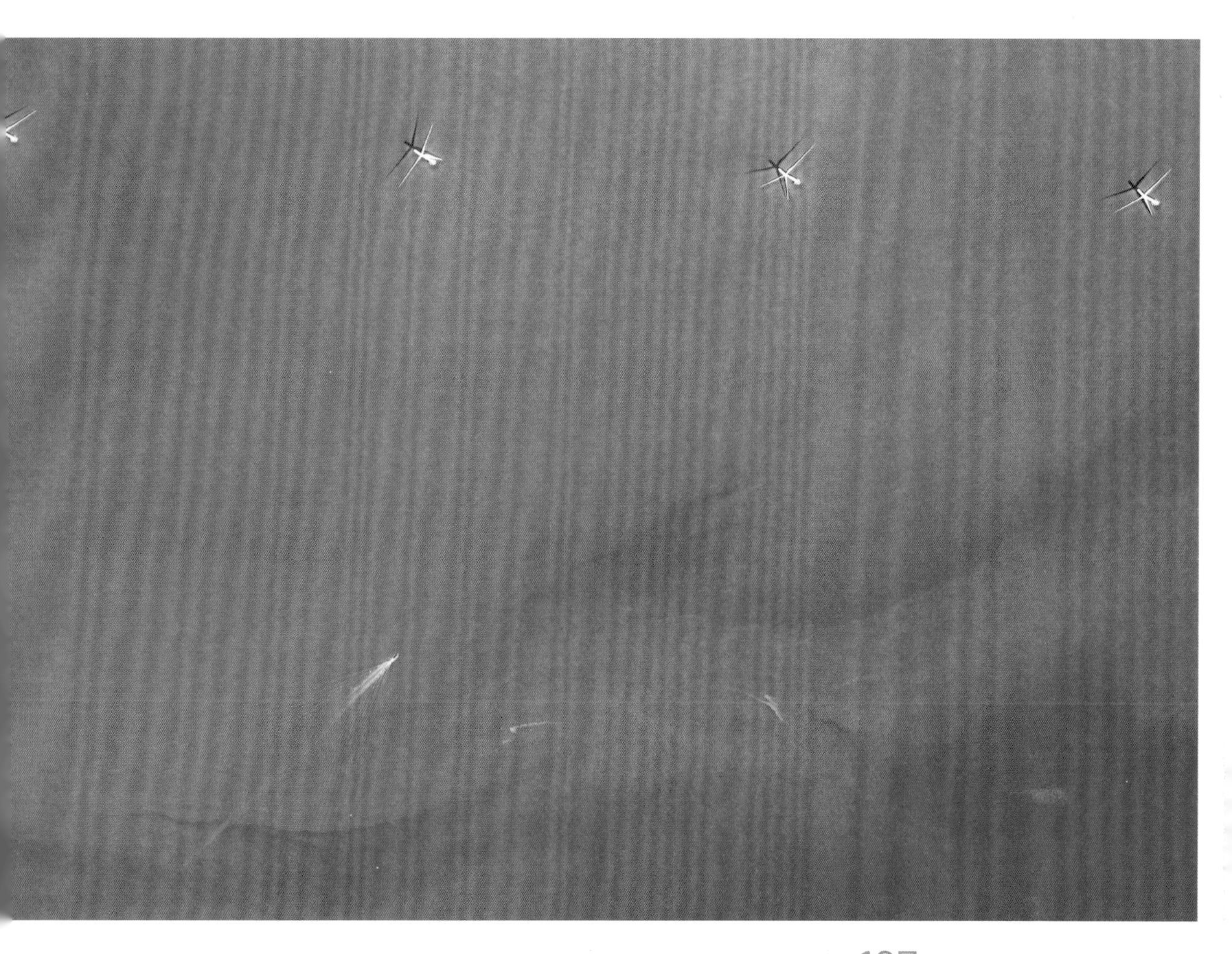

25 大亚湾核电站㊣

核电是仅次于水电的第二大低碳电力，全世界 441 个在运核电机组，贡献了全球约 10% 的电力。世界上第一台核电站诞生于 1954 年，中国直至 1985 年才始建自己的第一台核电站，而于 1994 年正式运行的大亚湾核电站，则是中国第一座大型商用核电站，真正实现把清洁能源送至千家万户。大亚湾核电站四周的大海，为其提供了充足的冷却水源，2 台百万千瓦级压水堆机组在此运行，所产电力 80% 供应香港，20% 供应广东。

26 海南藏族自治州光伏电站㊢

扫码查看
高清壁纸图

俯瞰青海海南藏族自治州，

有一处地方呈现着诸多奇异的几何形图案，

吸引着人们好奇的目光。

这里是我国首个千万千瓦级太阳能生态发电园，

也是全球最大装机容量的光伏发电园区。

寸草不生的茫茫戈壁，
年均日照时间近 3000 小时，
正是“光电”的乐土，
一片片光伏发电板，组合成一片片“光电海洋”，
构成了亮丽的风景线，
为曾经荒芜的大地增添了现代化的气息。

扫码查看
高清壁纸图

27 敦煌 100 兆瓦熔盐塔式光热发电站㊟

甘肃敦煌
的戈壁大漠上，矗立着总数共 1.2
万，占地面积达 140 多平方米的光热板，呈同
心圆状排列，反射着太阳炽热的光芒，又被誉为“超
级镜子”，外表十分科幻。与其他光热电站不同的是，这
些镜子还围绕着 260 米高的集热塔，反射光最终将汇聚在
塔顶，塔顶中的特制盐经高温熔融，被储存在底下的熔盐
罐中备用，需要时可提取出来加热水源，无论夜间还是阴
雨天气都能保证正常发电。这座熔盐塔式光热电站于
2018 年开始运作，装机发电功率为 100 瓦，是全球
最高、聚光面积最大的熔盐塔式光热电站。

28 库布其沙漠“骏马”光伏电站 内蒙古

2022 年 7 月，

经过吉尼斯世界纪录认证，

达拉特光伏发电基地中的“骏马”光伏电站，

成为世界上最大的光伏板图形电站。

它位于鄂尔多斯的库布齐沙漠腹地，

常年干旱少雨且光照强烈，

19.6 万余块光伏板在此密集排列，

宛若一匹巨大的骏马在沙漠中疾驰，

为当地的绿色发展带来了新的活力。

能够遮挡阳光的光伏板

可以为植物生长提供便利，

光伏板的基桩也具有固沙效果，

形成了生态效益与经济效益共赢的治沙格

目前达拉特光伏发电项目中的二期已建成

预计年发“绿电”可达 20 亿

堪称沙漠中源源不竭的“光电之海”。

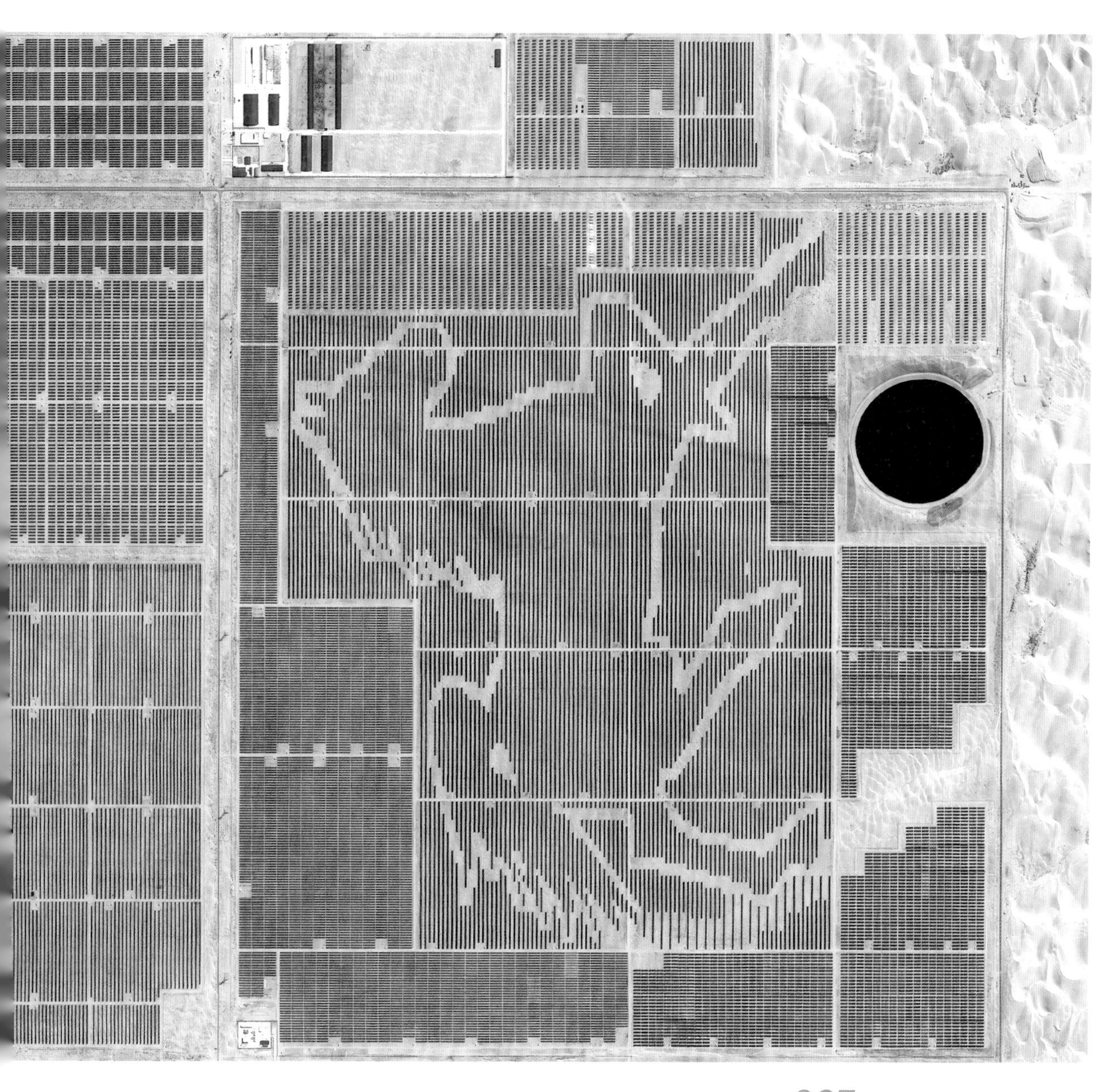

扫码查看
卷帘对比图

29 元坝气田 西气东输㊁

在中国的能源地图中，四川的天然气资源正显得愈发重要。这种以甲烷为主的不可再生能源，是典型的清洁能源，而四川盆地，正是我国天然气储量最高的地区之一。位于南充、广元、巴中三市接壤地带的元坝气田，是我国目前已发现的埋藏最深的海相大气田，最大深度为7000余米。自2016年建成投产以来，元坝气田已成为西南地区最重要的油气田之一，日产天然气突破1000万立方米，全年产净化气能力达34亿立方米。巨量的天然气通过“川气东送”管道送往沿线六省两市的70多个城市，走入千家万户的生活里。

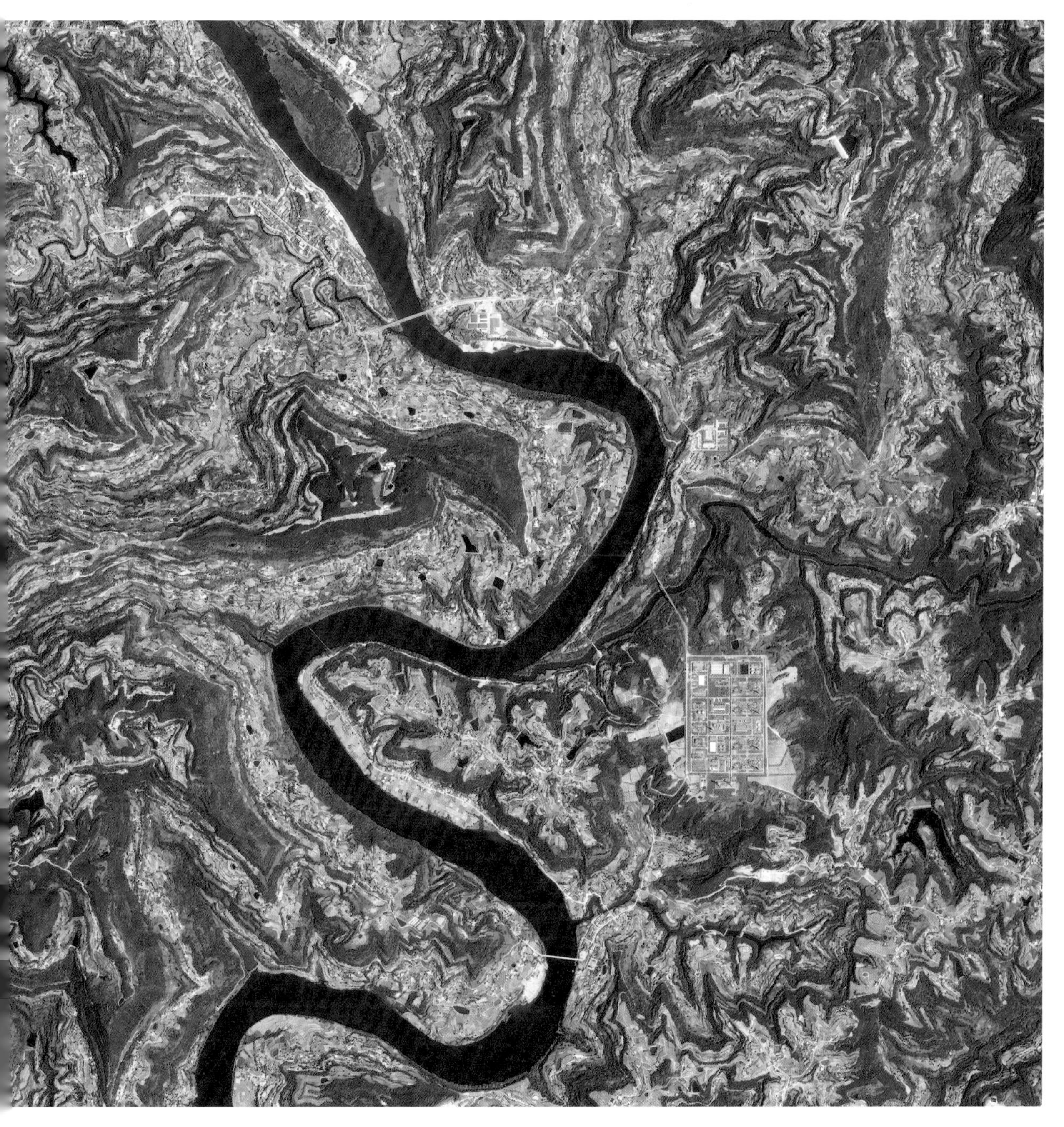

30 布拖县特高压输电线㊐

在四川省凉山州连绵起伏的大山深处，
有一个鲜为人知的小县城——布拖县。
2022 年，随着位于川滇交界的白鹤滩水电站建成投产，
偏远小城布拖也进入了大众的视线。
在这里，有一座占地达到 930 亩、
变电容量达 1600 万千瓦的换流站——布拖换流站，
它也是世界上最大的换流站。

从白鹤滩水电站发出的电力，
将通过空中的特高压输电线源源不断地送往这里，
经由变电、换流之后，再送往华东地区的负荷中心。
可以说，小小的布拖，
将作为能源大国和工业大国的中国，
牢牢联结在了一起。

31 吐鲁番高昌区 疆电外送㊣

新疆是我国的储煤大省，
煤炭资源约占全国总量的 1/3 以上，位居全国
第一。其中吐鲁番地区又号称“中国煤仓”，约占全国
煤炭资源总量的 1/10。远古时期，这里曾是汪洋大海，后
经造山运动变为陆上盆地，夹峙在山地之间，历经漫长的地
质活动，地下生成了大量煤炭。图中便是吐鲁番地区的四
大煤田之一——艾丁湖煤田，运输路线在矿坑中逐级盘
旋，煤炭被堆放到旁边的露天广场上，源源不竭的
“工业动力”将随之送往全国各地。

32 白鹤滩水电站㊈㊉

2021 年，白鹤滩水电站正式投入运行，

成为仅次于三峡水电站的世界第二大水电站。

它位于四川省与云南省交界的横断山区，

切割了金沙江干流下游河段，

两边是悬崖峭壁，

上面是“高山平湖”，

造型为双曲面的拱形坝，

可将水体压力分散到两侧的山体上去。

巨量水源在峡谷中游荡，

从高 800 余米的大坝中涌出，一泻千里，

驱动着 16 台单机容量百万千瓦的水轮发电机组，

多年平均发电量达 624.43 亿千瓦，

可替代标准煤约 1968 万吨，

满足约 7500 万人一年的生活用电需求。

白鹤滩水电站 /20200327

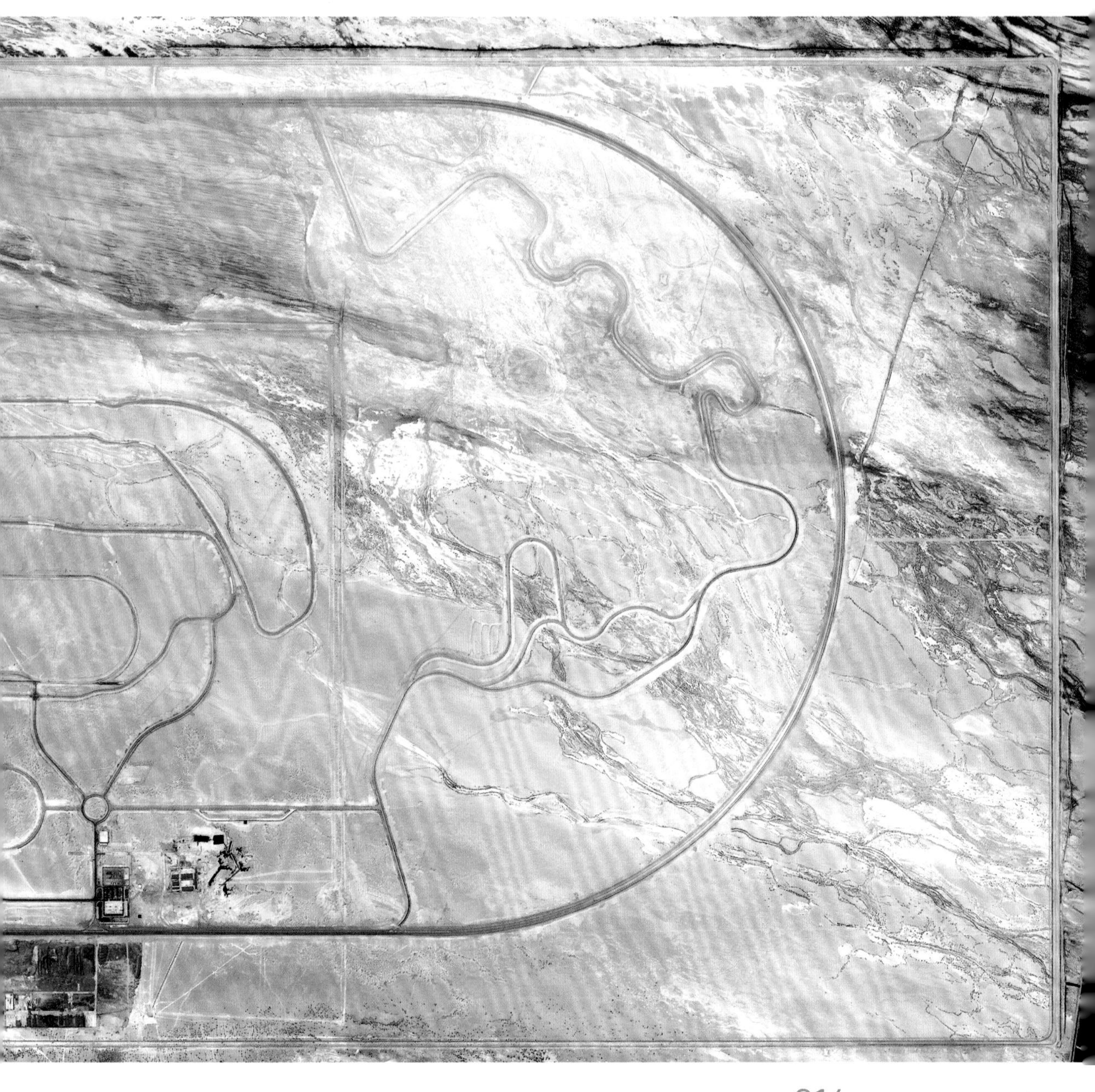

扫码查看
高清壁纸图

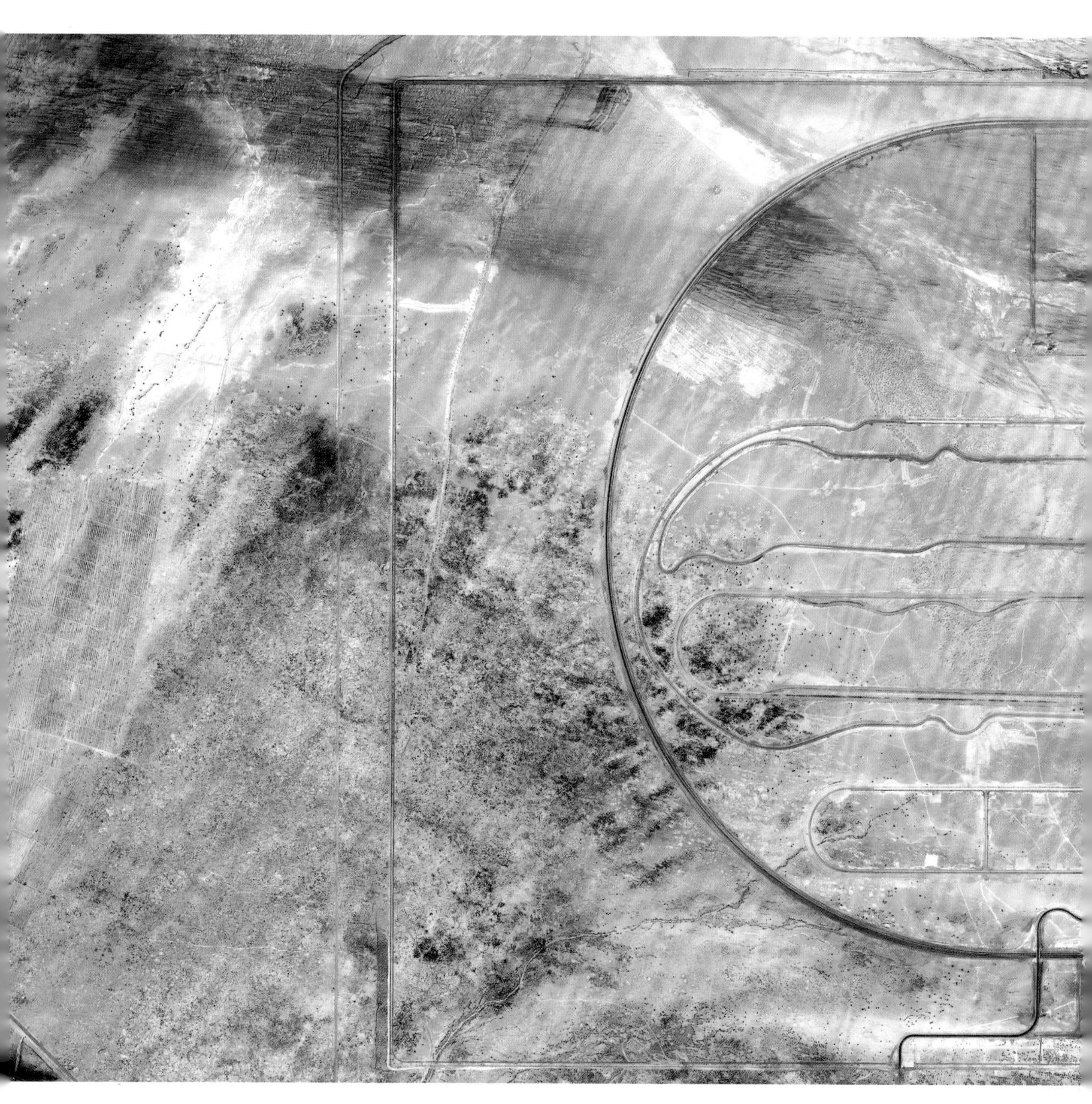

白鹤滩水电站 /20211001

白鹤滩水电站 /2022

白鹤滩水电站 /20220709

扫码查看
历史影像图

在中华人民共和国工业史上，大庆油田无疑是最具代表性的工程之一。从 1959 年首个油田在松辽盆地勘探发现至今，它已走过了 60 多年的历史，累计生产原油超过 24 亿吨，成为中国最大的陆上油田。它的开发建设，有力支援了百废待兴的中华人民共和国开展重工业建设，让中国从此摘掉了“贫油”的帽子。而它所在的城市大庆，也在短短数年间拔地而起，几乎成为中国“资源型城市”的典范。王进喜等石油工人的事迹，被铭记于一代代青少年的课本里。如今，大庆油田依然保持着年产 4000 万吨的规模，而一系列先进技术也不断在这里得到应用，一个“百年油田”，正逐步变为现实。

34 胜利油田㊙鲁

1961 年，

华北平原上的第一口石油，就在这里喷出。

来自五湖四海的石油工人纷纷涌来，一座因石油而建，因石油而兴的城市——东营，拔地而起。

历经长达半个世纪热火朝天的开发，这片土地上的油井从无到有，从小到大，

最终形成了中国第二大石油生产基地——胜利油田。

扫码查看
高清壁纸图

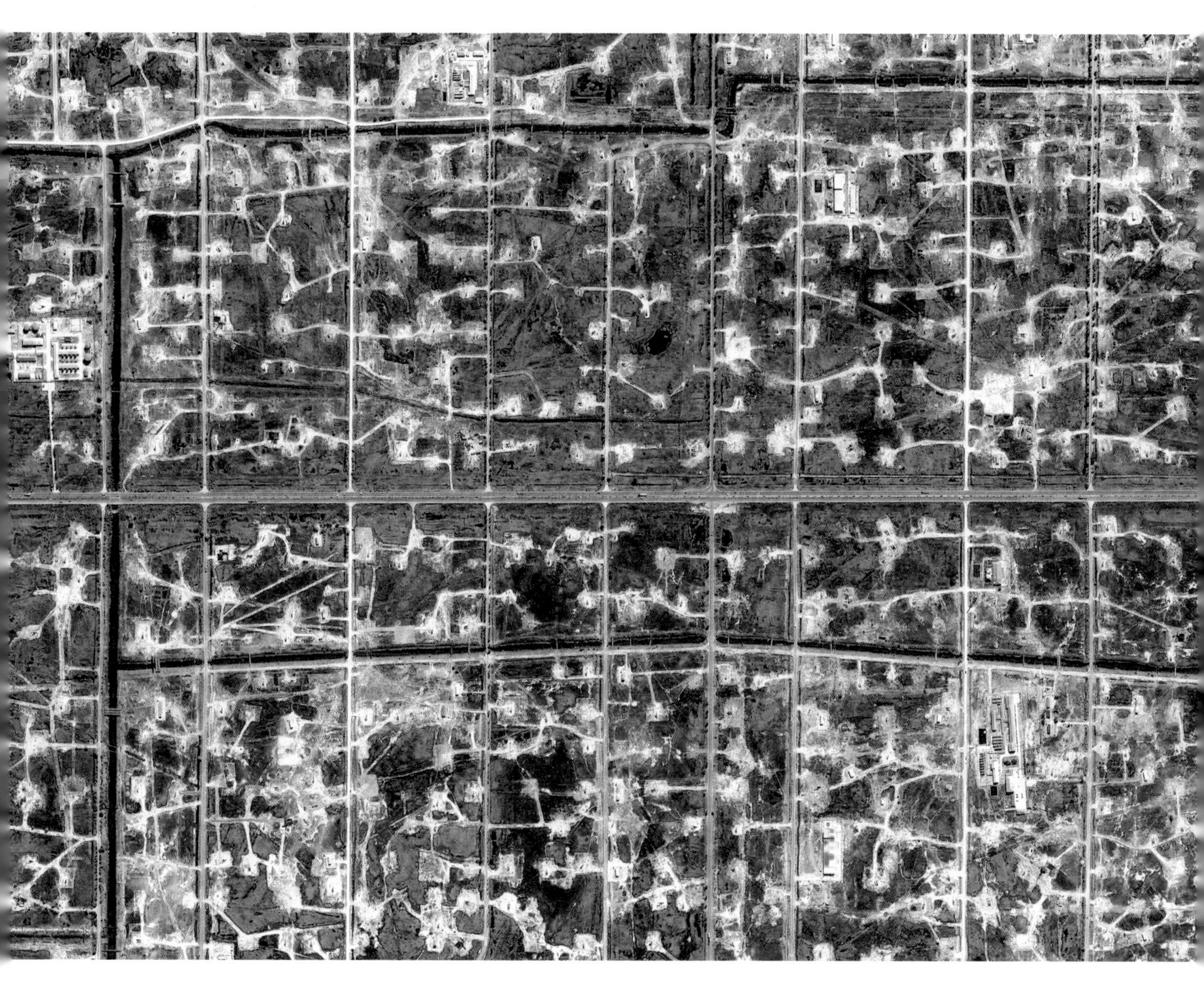

如今胜利油田累计生产原油 12.5 亿吨，

占我国同期陆上原油产量的 1/5，留下了熠熠生辉的工业遗产。

为了实现生态效益与经济效益的双赢，人们还在探索老油田的绿色发展道路，让它在新时代下能够再次焕发生机。

35 克拉玛依油田㊣

位于新疆准噶尔盆地中的克拉玛依，
是一个依托石油发展的工业城市。
1955 年，钻井队前往这里勘探，
挖出了中华人民共和国第一口大油田，
因石油如黑色墨水般汩汩涌出，
人称“黑油山”，维吾尔语即“克拉玛依”。
迄今为止，克拉玛依已经发现油气田 25 座，
探明石油储量 18 多亿吨，
形成了覆盖几十平方千米的油区，
随处可见石油工人、连绵不绝的采油钻机、石油主题创意地标等，
它们呈现着大西北地区独特的城市面貌。

海南是我国唯一的热带岛屿省份，
年平均气温 22℃—25℃，
热量最为丰富，
大部分地区年降水日数超过 100 天，
拥有丰沛的地表水资源，
热带特色农业在全国独树一帜。

其中位于海南岛东北部的文昌市，
是海南椰子的重要产地，
现有椰子树近 30 万亩，
面积为海南省最大，
有“海南椰子半文昌，
文昌椰子甲海南”之称。

除此之外，

田间还种有水稻、凤梨等

热带及亚热带农作物。

多彩交织的农田盘踞在广阔的平原上，

生机勃勃的模样描绘着丰收的蓝图。

扫码查看

高清壁纸图

37 吉林市舒兰市农田㊔

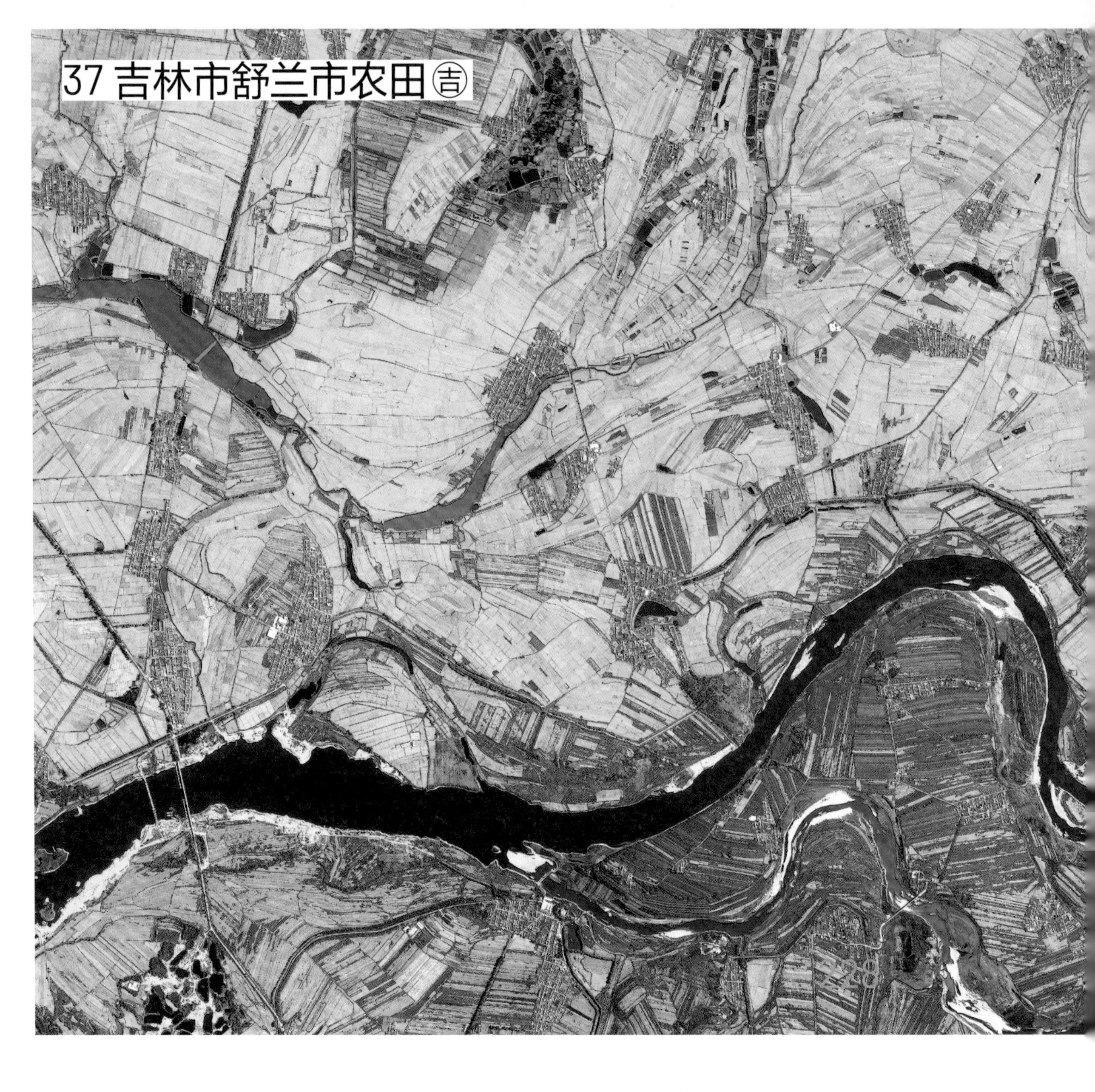

吉林地处松辽平原腹地，
坐拥黑土带核心区，
广布世界上最肥沃的土壤——黑土，
外加温和湿润的气候，
成为中国重要的商品粮基地，
盛产玉米以及水稻，
位于吉林中北部的舒兰市也不例外。

细鳞河在此穿城而过，
河道两边分布着黄色稻田。
目前舒兰市新建高标准农田 7.92 万亩，
有 3.2 万亩土地实现绿色有机种植（2020 年数
田中“鸭稻、鱼稻、蟹稻”共生，
每至金秋时节，
稻田飘香、鸭蟹肥美，
舒兰大米畅享国内外。

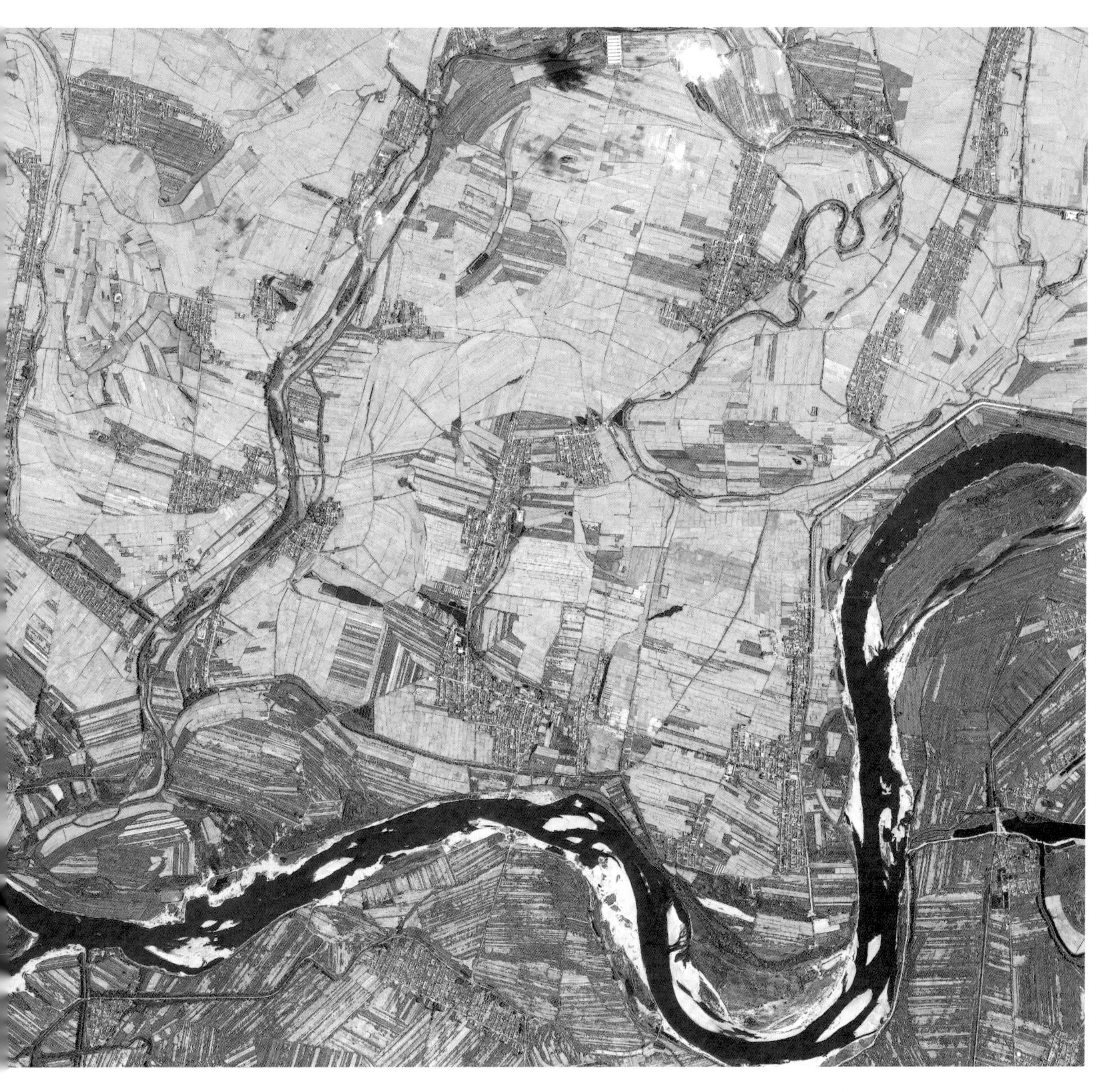

扫码查看
高清壁纸图

38 湛江农田㊝

位于中国南端的广东湛江，
属热带季风气候，
光、热、水资源丰富，
不仅拥有金沙椰海的热带风光，
还拥有能够一年多产的数百万亩农田。
在现代化农业科技的推广下，
广东湛江成为广东省最大的双季水稻主产区。

除此之外，
这里每年还能生产 400 多万吨的蔬
300 万吨的特色水
知名农产品品牌
“湛江菠萝”“徐闻良姜”“遂溪火龙果”等。
若你能亲自踏上这片红土地，
将看到喷洒农药的飞机往来穿梭，
无数收割机正满载而归，
它们共同创作出广东特色农业的多彩画卷。

39 双鸭山宝清县农田四季变化图㊩

三江平原上肥沃的黑土地，
是大自然给予黑龙江的宝藏，
每年可产粮食近 8000 万吨，
居全国首位，
被誉为中国粮仓，
我们每吃九碗米饭，
便有一碗来自这里。
其中宝清县正处三江平原腹地，
不仅种植着 50 多万亩水稻，
每年还生产大豆近 2 亿千克，
是国家重要的商品粮基地。
放眼这片辽阔大地，
作物一年四季长势喜人，
变幻的色彩孕育着无限生机。

双鸭山宝清县农田 | 春

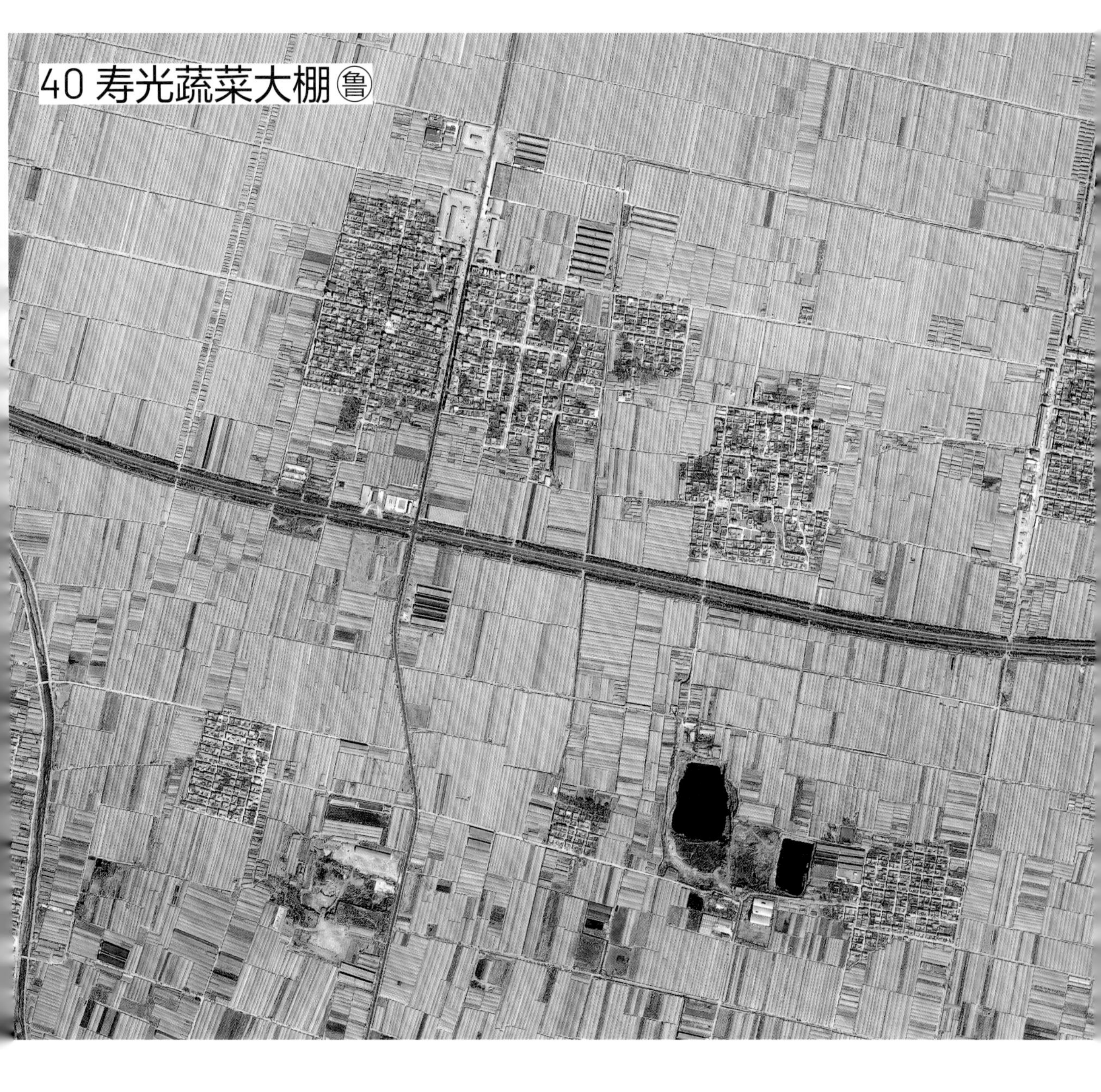

40 寿光蔬菜大棚㊱

山东寿光地处潍河、白浪河

以及黄河等河流冲积而出的大平原上，

地形平坦宽阔，

虽然非常适宜开发农业，

却因地处中国北方，冬季气温达 0℃以下，

不利于农作物的全年生长。

在上个世纪时，

寿光便建立了工业化的日光大棚进行保暖，布局蔬菜种植。

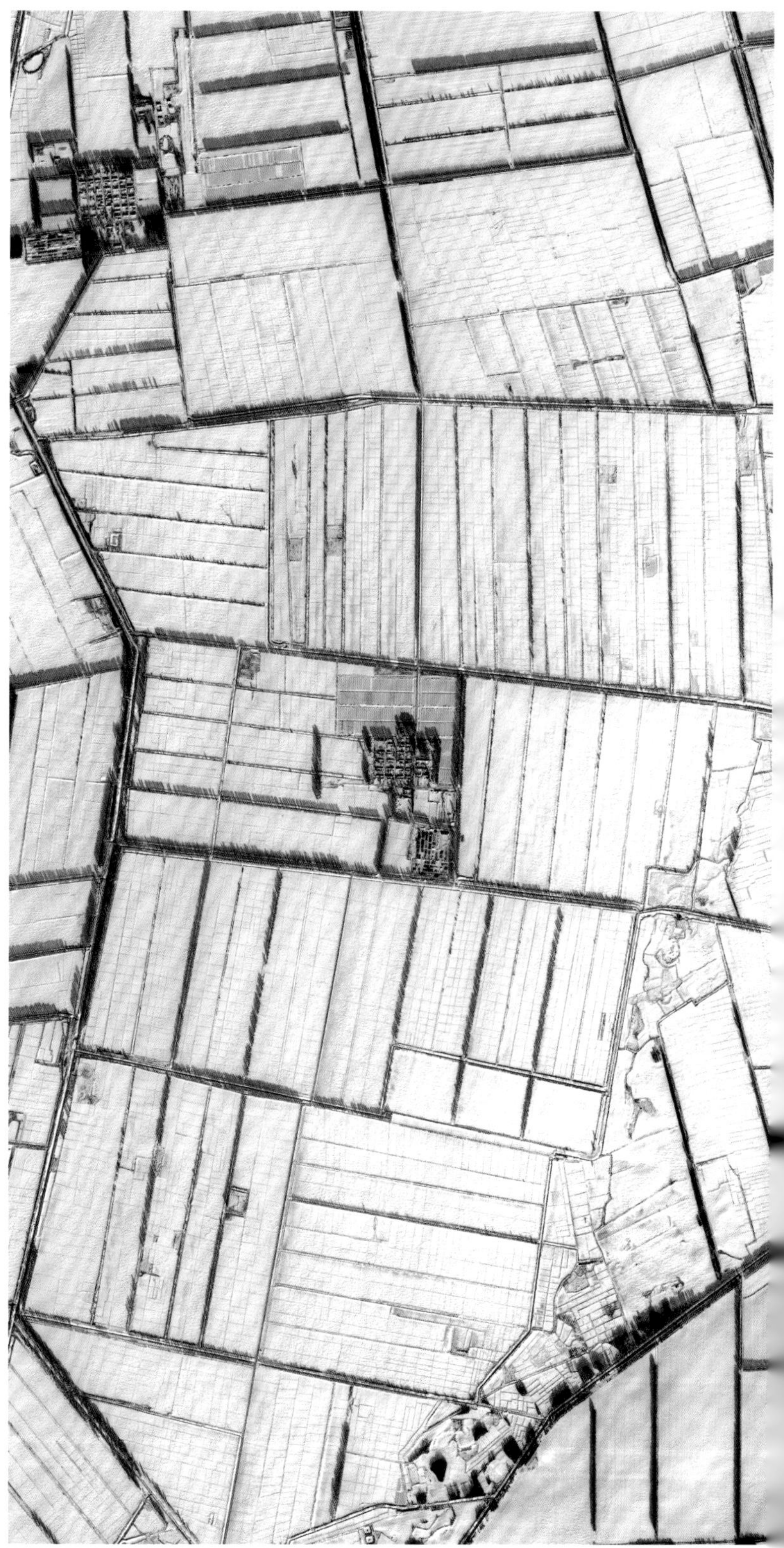

双鸭山宝清县农田 | 冬

扫码查看
卷帘对比图

双鸭山宝清县农田 | 夏

双鸭山宝清县农田 | 秋

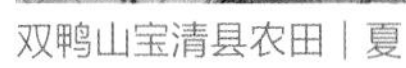

如今寿光大棚不仅有 20 多万座，

种植瓜果蔬菜不再为季节所限，

其中的最新式大棚还可以用手机遥控温度、湿度甚至喷洒农药。

它们共同支撑起了寿光 450 万吨的蔬菜年产量，

一面送往全国各地，

一面大量出口韩国和日本，

蔬菜品牌中外驰名，

人称“中国蔬菜看山东，山东蔬菜看寿光”。

41 张家口张北县蔬菜基地㊣冀

张北县位于河北省西部，
正处华北平原与内蒙古高原的连接地带，
平均海拔 1800 米左右，
有“塞外高原”之称。
这里不仅牧区广布，
那些局部平坦的高原坝子，
还是“喜冷”蔬菜的种植基地，
如大白菜、大白萝卜、西芹、胡萝卜等。
坝上光照充足且污染源少，
拥有发展错季无公害蔬菜的优势。
目前，张北县蔬菜种植面积已达 100 多万亩，
年产蔬菜量达 100 万吨，
不仅是河北十大无公害蔬菜基地之一，
还曾被确定为“奥运蔬菜备选基地”
及“河北省出口蔬菜基地”。

42 罗平油菜花海 ㊂

位于我国云南的边陲小城——罗平，
地处云贵高原上，
东部和南部受河流侵蚀切割，
中低山和峡谷相间，
中部则是喀斯特地貌广布的岩溶盆地。
人们在层层叠叠的山地上开发梯田，
每至春季，碧绿的田野覆盖大地，
其中还有面积达 80 万亩的“金色花海”缓缓开放，
荡漾着春天的清香。

这里属于温暖湿润的亚热带季风气候，
非常适宜油菜花的生长，
成为了著名的油菜籽油产地。
远处林立的丛峰与稻田及油菜花田交织的独特风景，
造就了这处闻名遐迩的旅游胜地和摄影圣地。

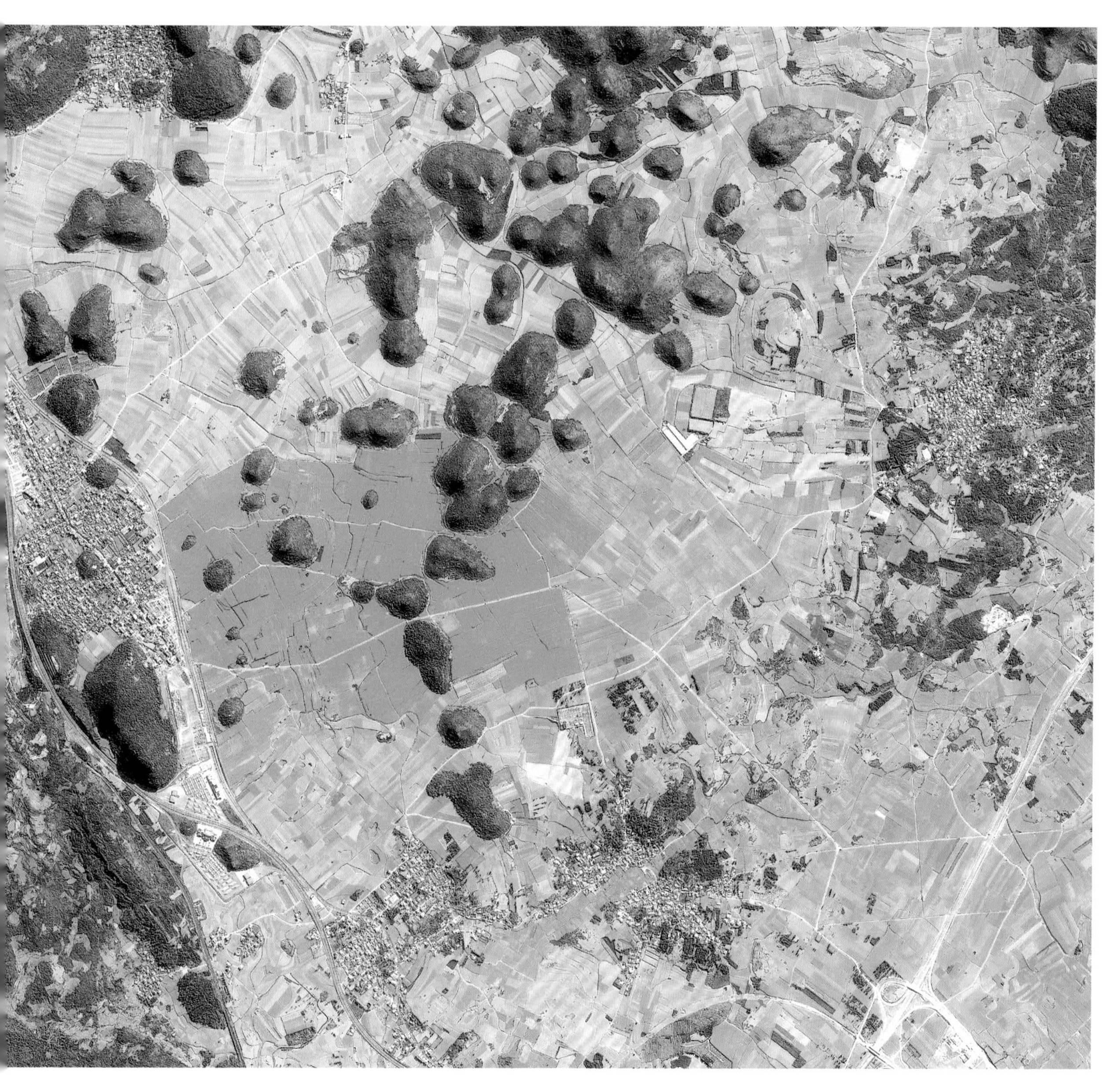

扫码查看
高清壁纸图

扫码查看
卷帘对比图

43 昭苏油菜田 ㊣疆

昭苏县深处内陆，
四周被高山围绕，
气候凉爽且日照充分，
每年的 6、7 月份温度能够达到 15℃以上，
恰巧适宜油菜花开放，
当属全国油菜花盛开最晚的地方之一。
绿色的麦田与黄色的油菜花田交相呼应，
随着地势延展连绵起伏，
如海浪般在山脚下摇荡，
从上空俯瞰而去，
仿佛是大自然编织的地毯。
这些面积达数十万亩的油菜花田，
也是知名的旅游景点，
成为当地发展休闲农业与乡村旅游的特色标志。

44 新疆阜康市棉花田（疆）

这里是新疆阜康，正值夏秋季节，整齐划一的棉田分块排列，绿油油的棉花茁壮成长。阜康地处内陆，夏季炎热，光照充足，干燥的气候蒸发了植物中的大量水分，有利于增强棉纤维的柔韧度，其所产棉花品种——新疆长绒棉，棉纤维长 33—39mm，质量属世界顶级，常年供不应求。放眼整个新疆地区，棉花种植均实现机械化作业，产量约占全国的 89.5%（2021 年数据），全世界每用 2.5 千克棉花，便有 0.5 千克来自新疆。

45 长芦汉沽盐场㊍

汉沽盐场的盐产量占全国1/4，是我国海盐产量最大的盐场。其中长芦汉沽盐场的前身为在唐代设立的芦台场，距今已度过了1097年的岁月。这里地处渤海湾西岸，滩涂广阔外加风多雨少，利于海水的采集与浓缩。经过风吹日晒的高浓度海水，因矿物质浓度以及微生物等种类的不同，蜕变为不同的颜色，在阳光下渐变排列，最终析出晶莹剔透的盐粒。源源不断的原盐将被送到周边的存盐场地，堆成一座座10余米高的盐山，等待着销往全国各地。

汉沽盐场 | 春

扫码查看
历史影像图

长芦汉沽盐场 | 夏

46 塘沽万亩盐田（津）

中国约有 43% 的原盐来自于海盐。北至辽东半岛，南至海南岛，都有广袤的盐场分布。其中位于天津的塘沽盐场，便是中国三大盐场之一——长芦盐场的组成部分。这里平坦开阔，临近渤海，滩涂遍地。通过挖沟筑池，不断抽取海水注入，再经过日晒蒸发，白色的氯化钠结晶颗粒——盐就形成了。在中华人民共和国成立初期，该盐场年产盐 100 万吨以上，占全国产量的 1/10。如今它依旧是重要的海盐盐厂，被分割整齐的盐池，犹如大地调色盘。

长芦汉沽盐场 | 冬

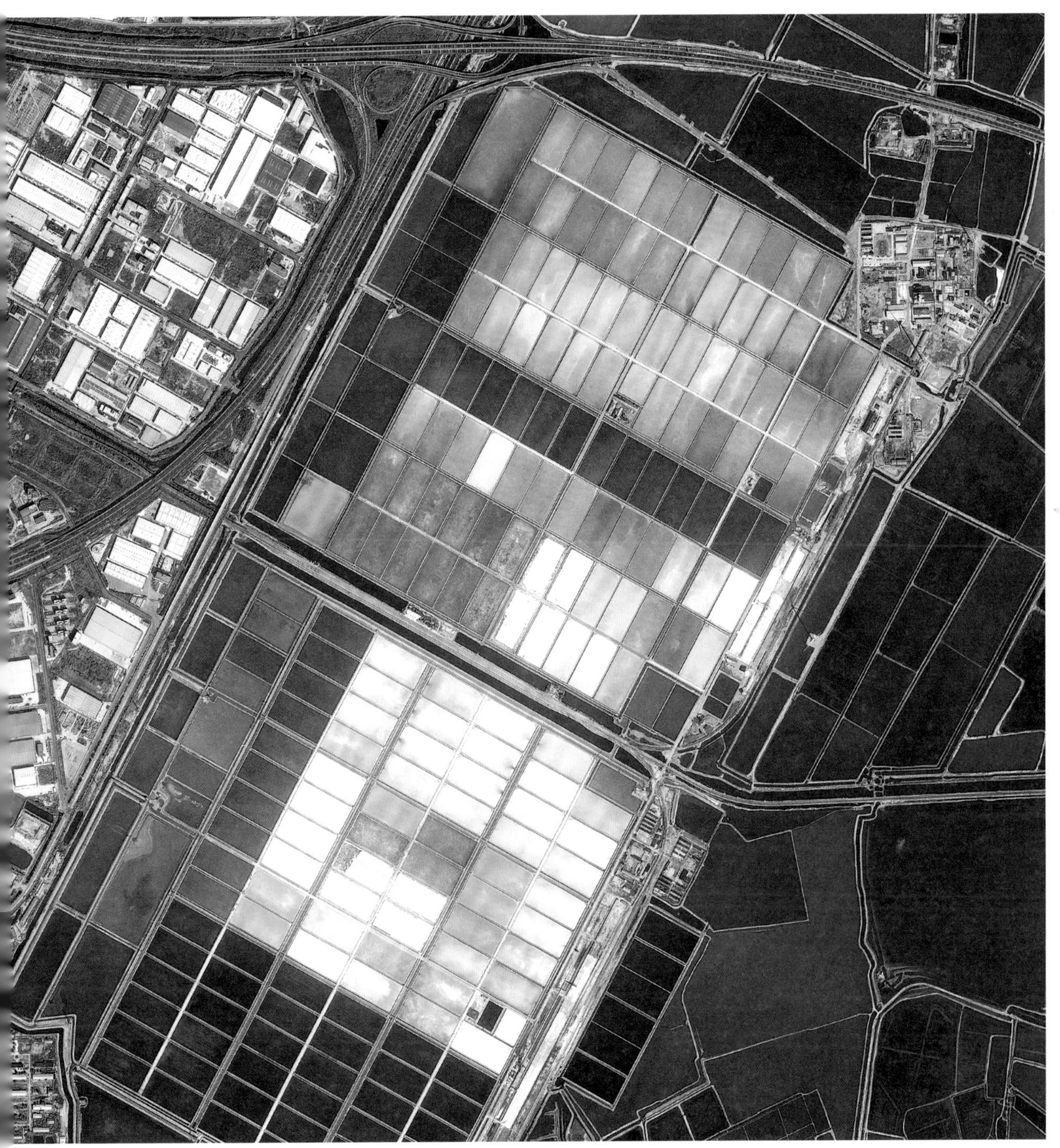

长芦汉沽盐场｜秋

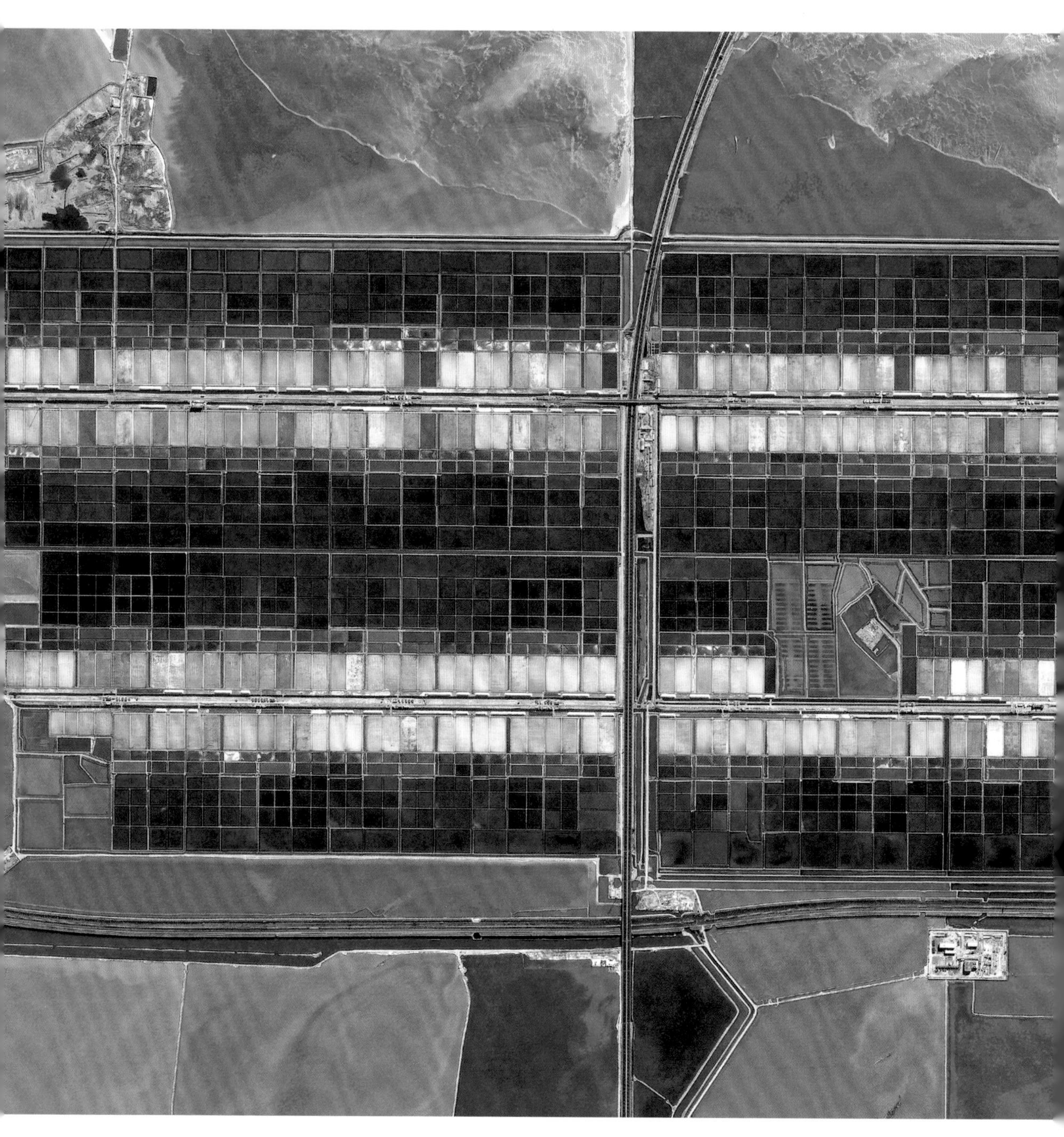

扫码查看
高清壁纸图

47 太湖鱼塘㊕㊗

太湖位于江苏和浙江两省的交界处，

面积达 **2427.8** 平方千米，

是我国东部近海区域最大的湖泊。

从海上跋涉而至的水汽，

为太湖带来丰沛的降水，

上百条河流汇聚，河口众多，

具有储存、调节水量以及农业灌溉等功能，

整个太湖流域有“苏湖熟，天下足”之美誉。

这里还有上千块桑基鱼塘，

施行“塘基种桑、桑叶喂蚕、蚕沙养鱼、

鱼粪肥塘、塘泥壅桑”的生态循环模式。

从高空望去，一块块鱼塘密集排列，

宛若无数宝石装点着大

扫码查看
高清壁纸图

48 宁德霞浦渔场㊣闽

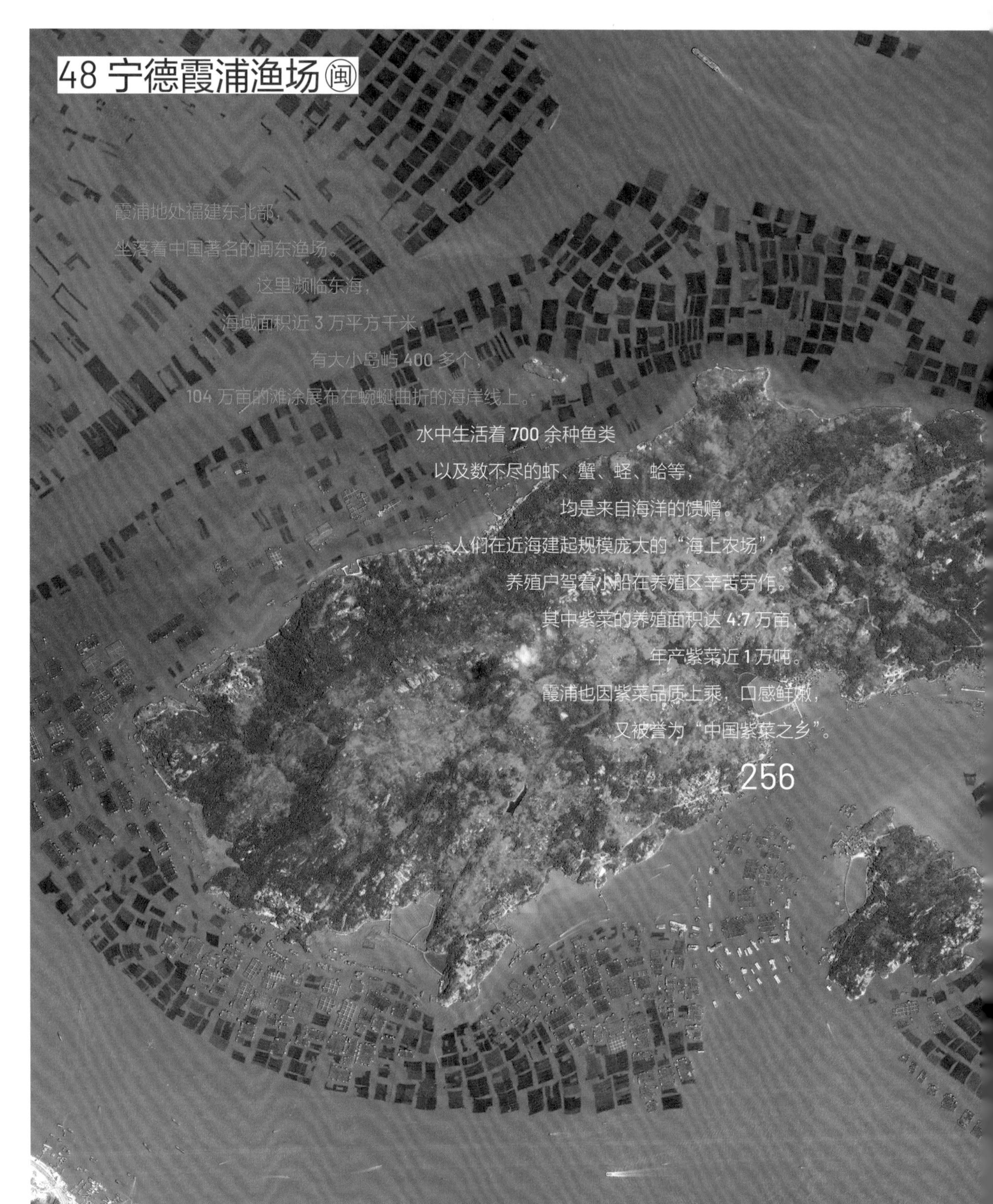

霞浦地处福建东北部，
坐落着中国著名的闽东渔场。
这里濒临东海，
海域面积近 3 万平方千米，
有大小岛屿 400 多个，
104 万亩的滩涂展布在蜿蜒曲折的海岸线上。
水中生活着 700 余种鱼类
以及数不尽的虾、蟹、蛏、蛤等，
均是来自海洋的馈赠。
人们在近海建起规模庞大的“海上农场”，
养殖户驾着小船在养殖区辛苦劳作。
其中紫菜的养殖面积达 4.7 万亩，
年产紫菜近 1 万吨。
霞浦也因紫菜品质上乘，口感鲜嫩，
又被誉为“中国紫菜之乡”。

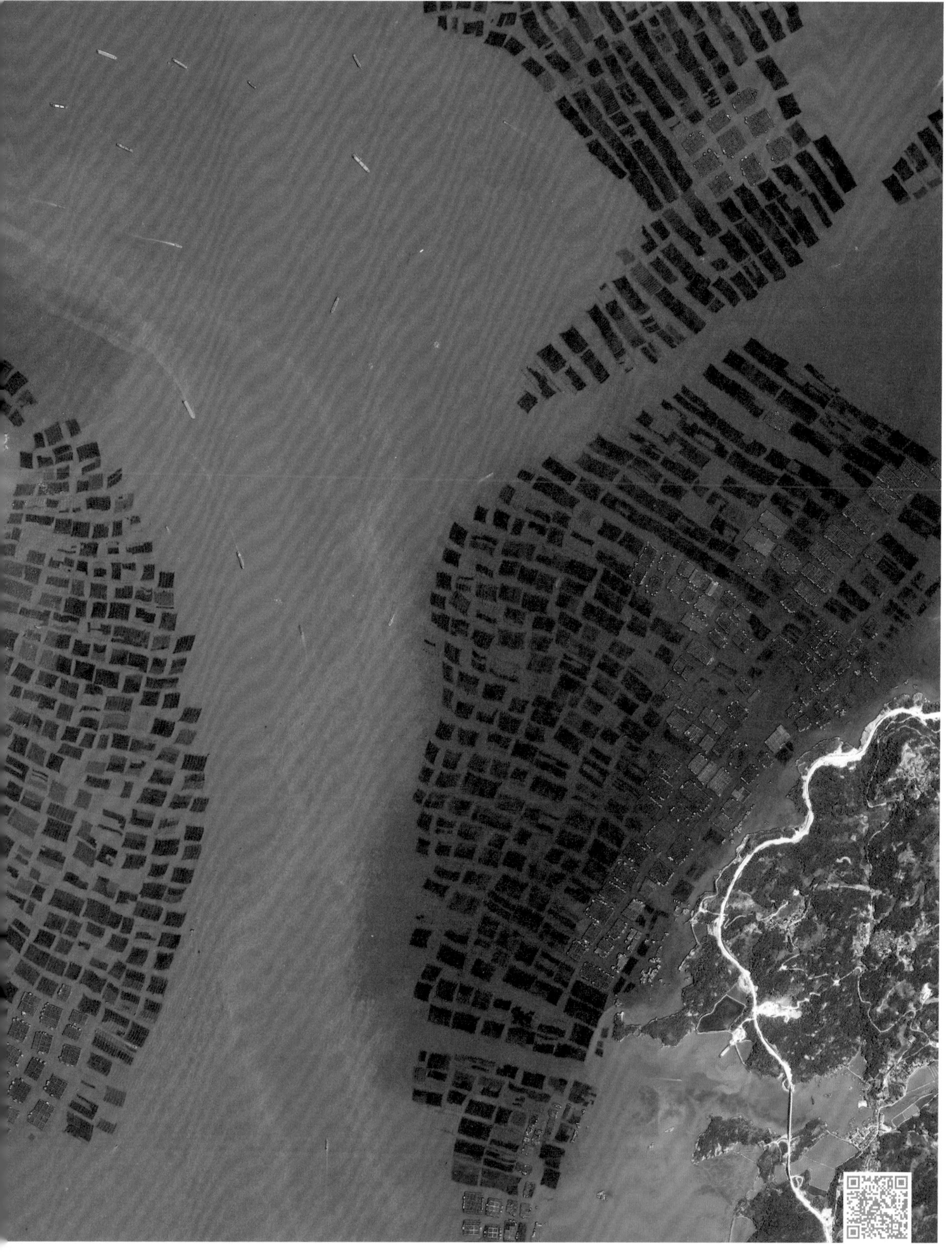

扫码查看
高清壁纸图

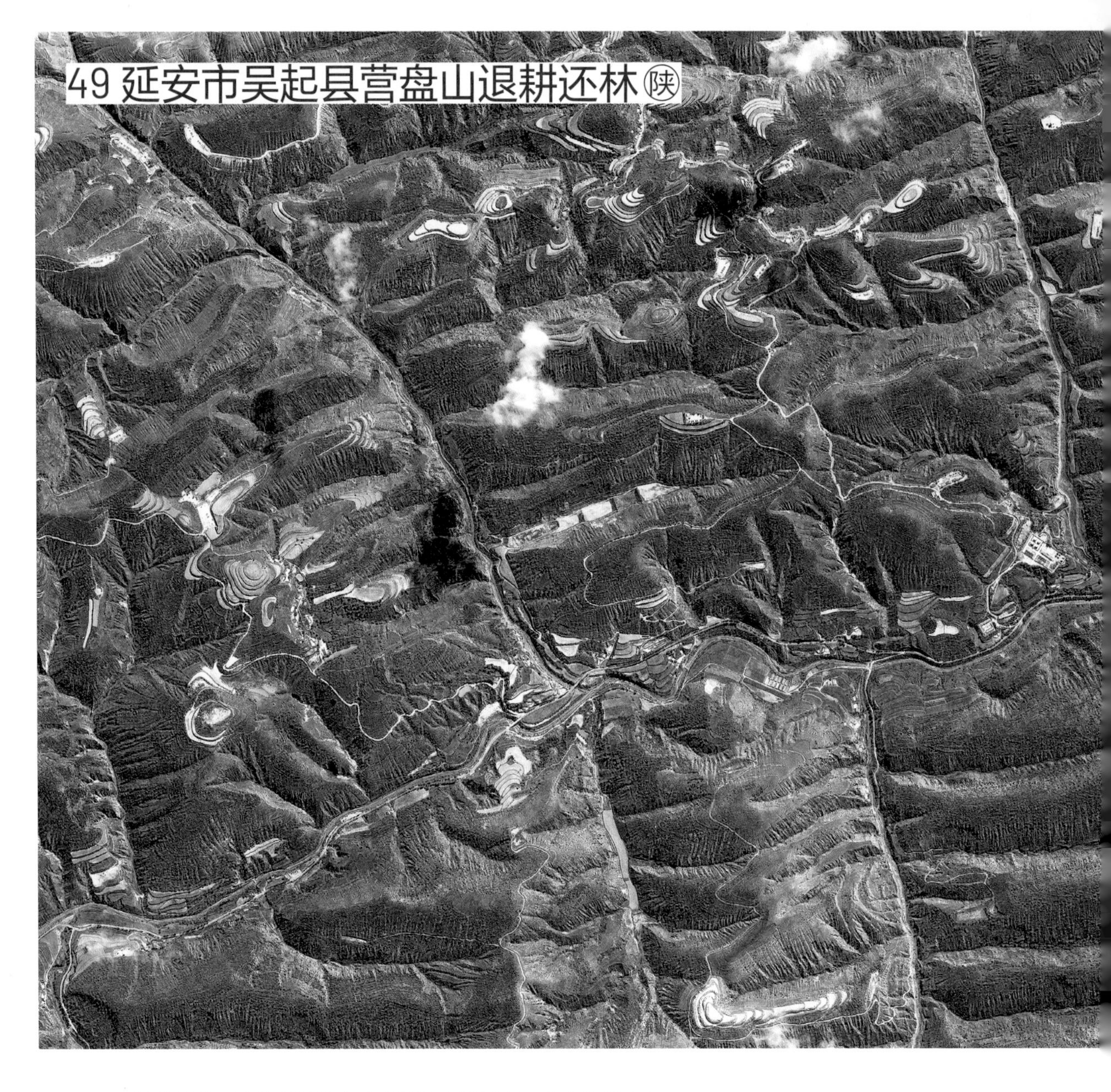

很难想象，这里竟是曾有“面朝黄土背朝天”之称的黄土高原。近些年来，已“满眼皆是青绿”的大山大河，颠覆了许多人心中对陕北地区的刻板印象。而这些改变均开始于上个世纪，彼时沟壑纵横的黄土高原植被稀疏，水土流失严重，只留下无尽的荒凉与贫穷。为了改变这里的面貌，政府实施了“封山退耕、植树种草”等治理措施，一场“绿色革命”就此开启。如今 20 年过去，这片开全国“封山禁牧”先河的土地，成为全国绿化面积增长最快的区域之一，它以人与自然和谐共生的发展方式。

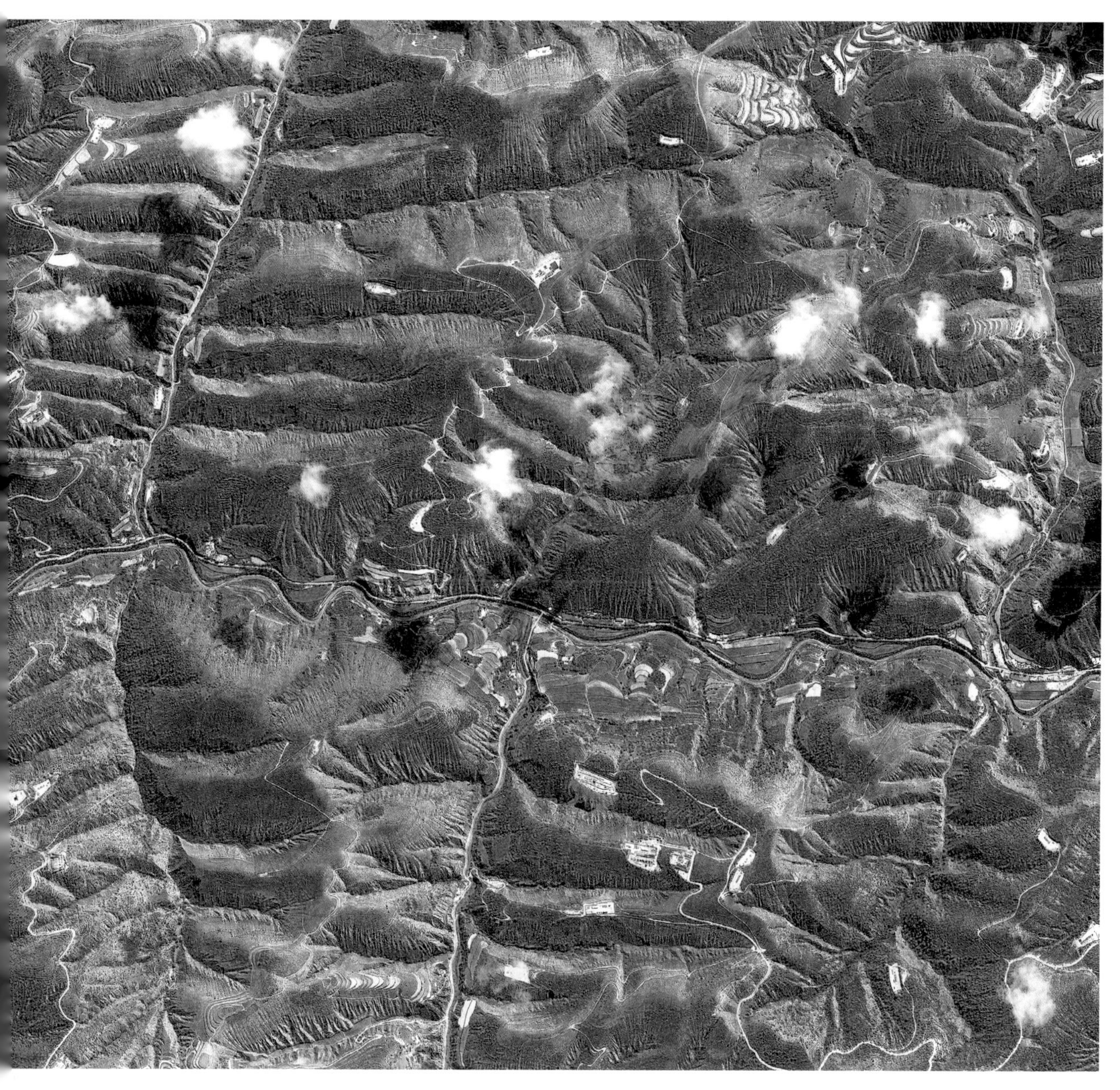

50 永兴岛㊠

1974 年，

南中国海爆发了西沙海战，中国

解放军最终将被越南军队侵占的岛屿夺回，三沙市的驻地永兴岛

便是其中之一。它是一座由白色珊瑚以及贝壳沙堆积而成的珊瑚岛，如

今这座美丽的岛屿历经数次扩建，已经是南海诸岛中，面积最大、人口

最为集中、开发利用强度最高的海岛了。岛上留存着沙滩树林的

旖旎风光，也修建了各种各样的工程设施，如太阳能发电

站、可降落中国主力军机的机场、用来停泊航船的码头

等，岛上生活着政府工作人员、海军驻岛部队

以及少量渔民。这座边海小岛，正逐渐

成长为一座崭新的“海上都市”。

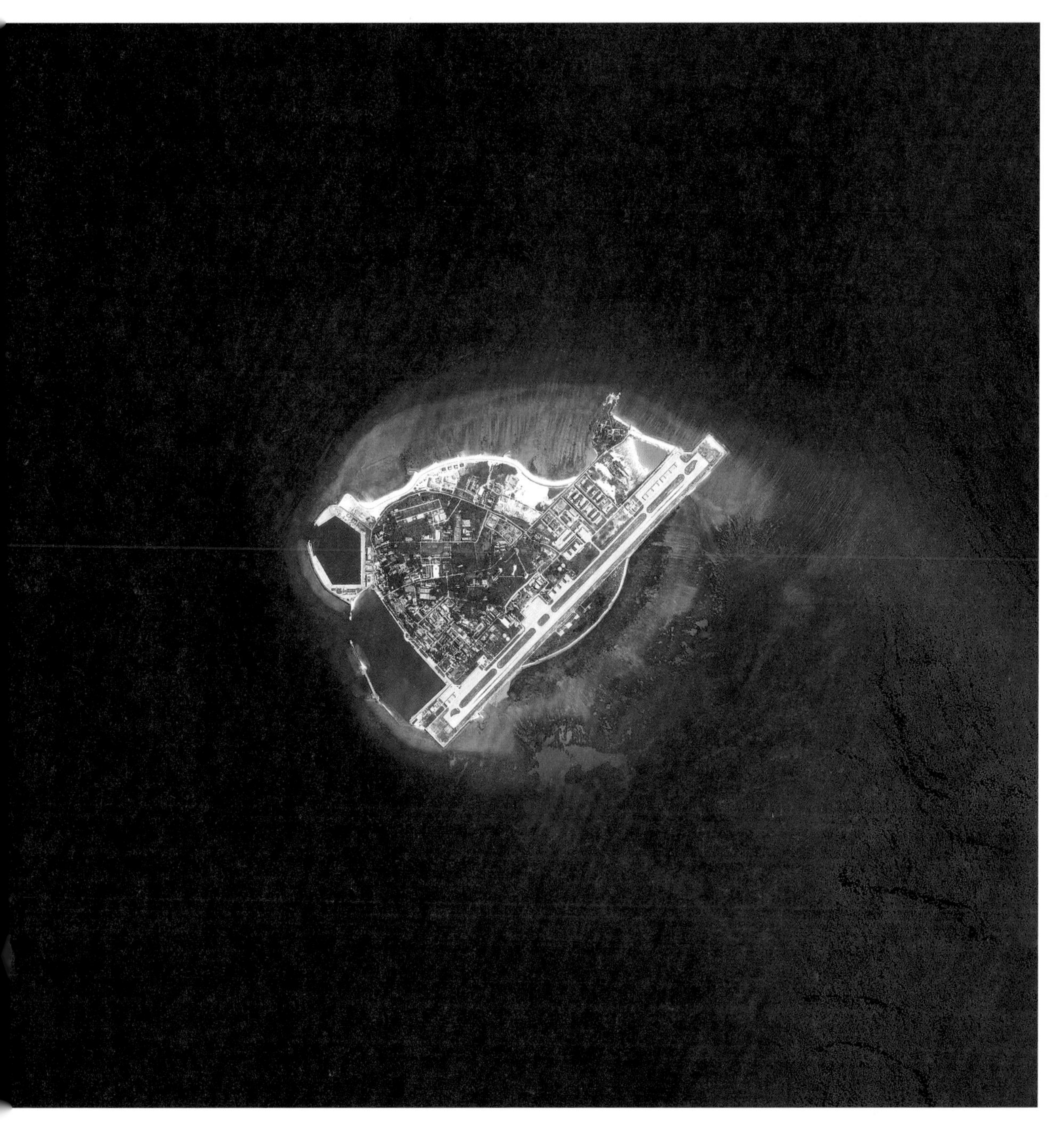

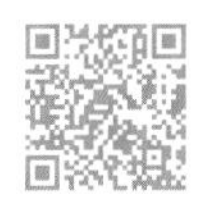

扫码查看
高清壁纸图

51 东北虎豹国家公园 ㊚㊛

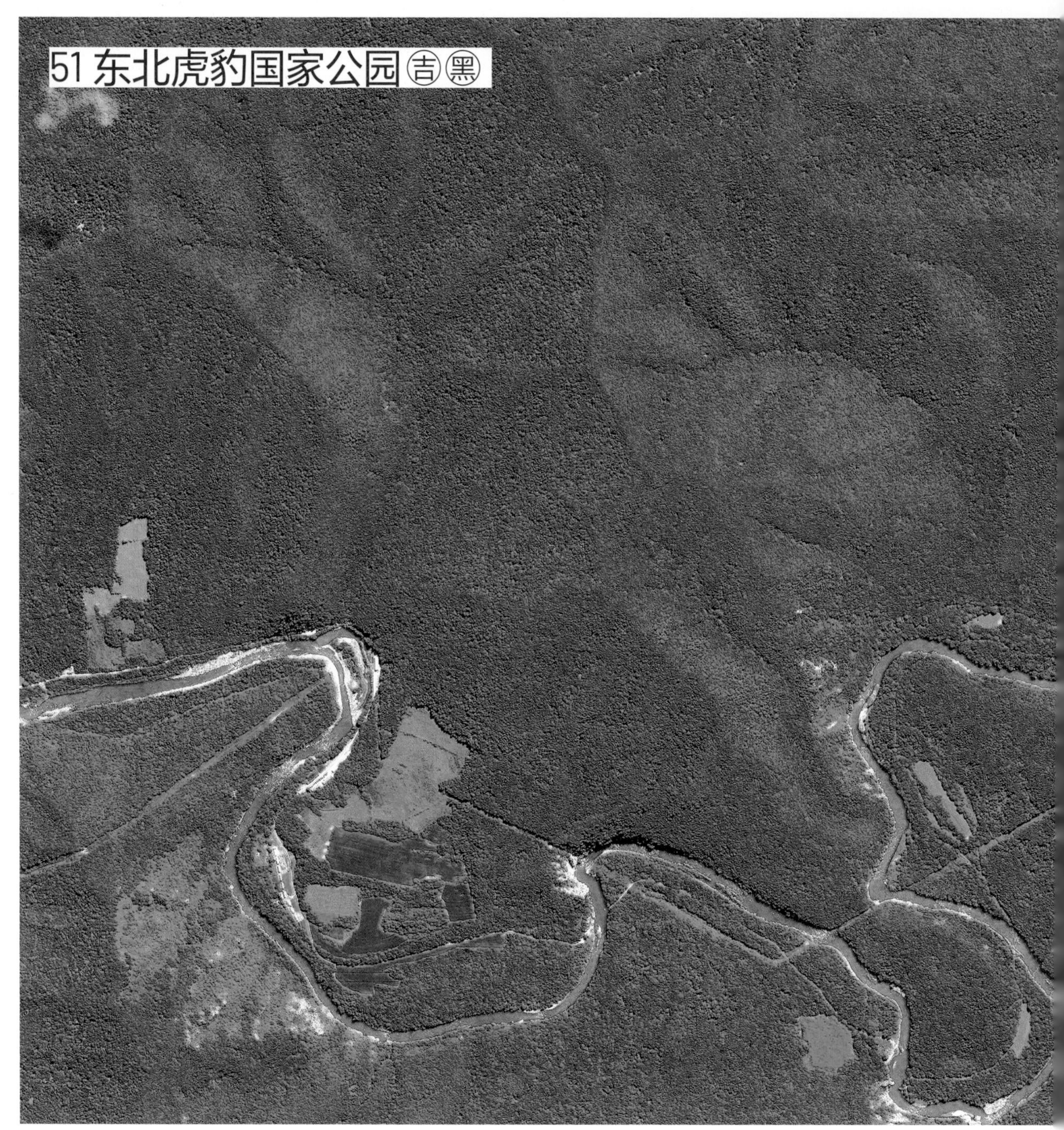

东北虎豹国家公园 | 夏

在号称“东北第一山”的长白山中，
坐落着地跨吉林与黑龙江的东北虎豹国家公园，
面积近 15 000 平方千米，
大小与北京相当。

这里广布低山峡谷，
群峰竞秀，沟壑纵横，
主要生长着温带针阔叶混交林，
包括红松、红豆杉和长白松等，
林中生活着野生脊椎动物 270 种，
其中的明星物种当属东北虎与东北豹。

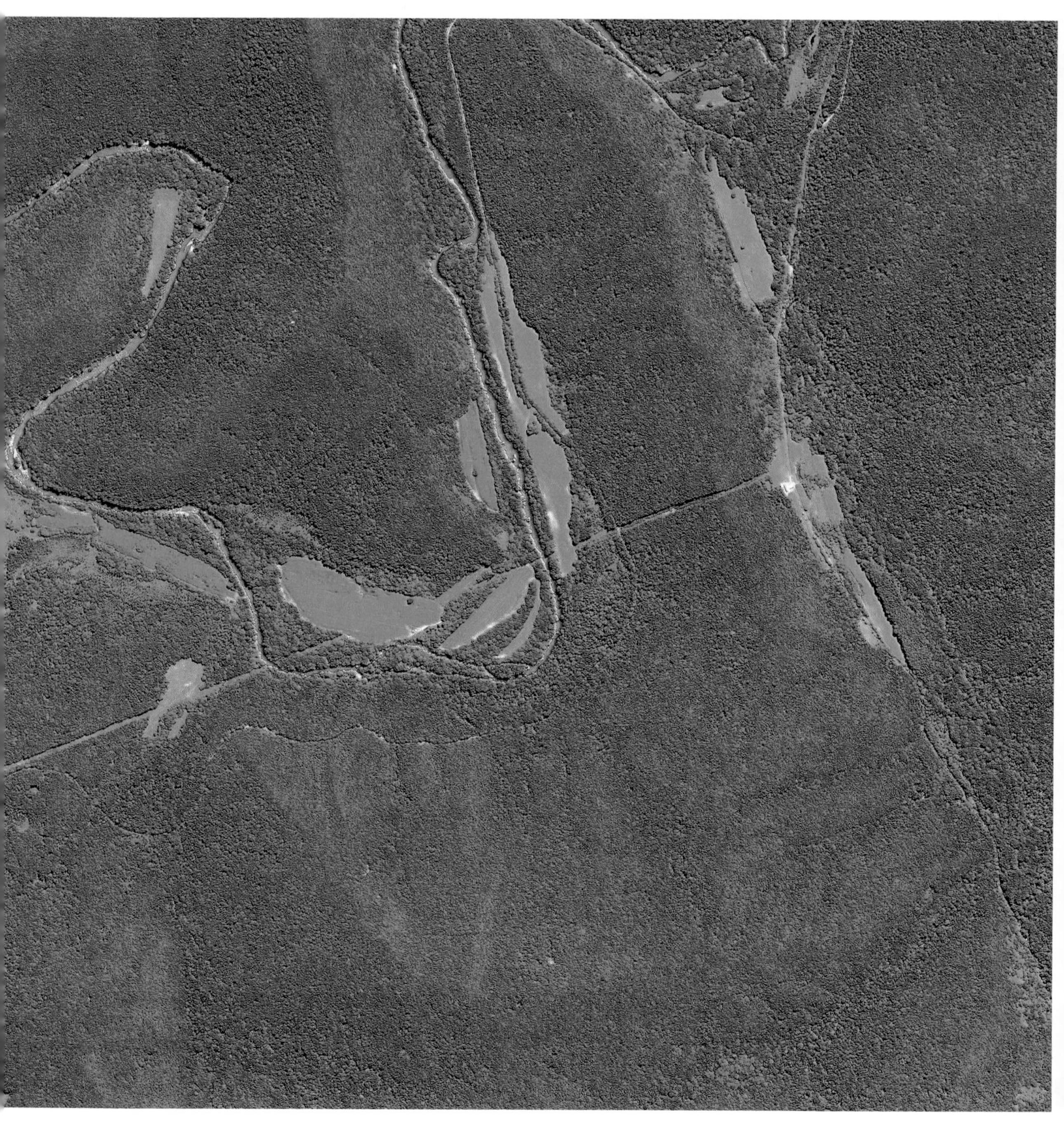

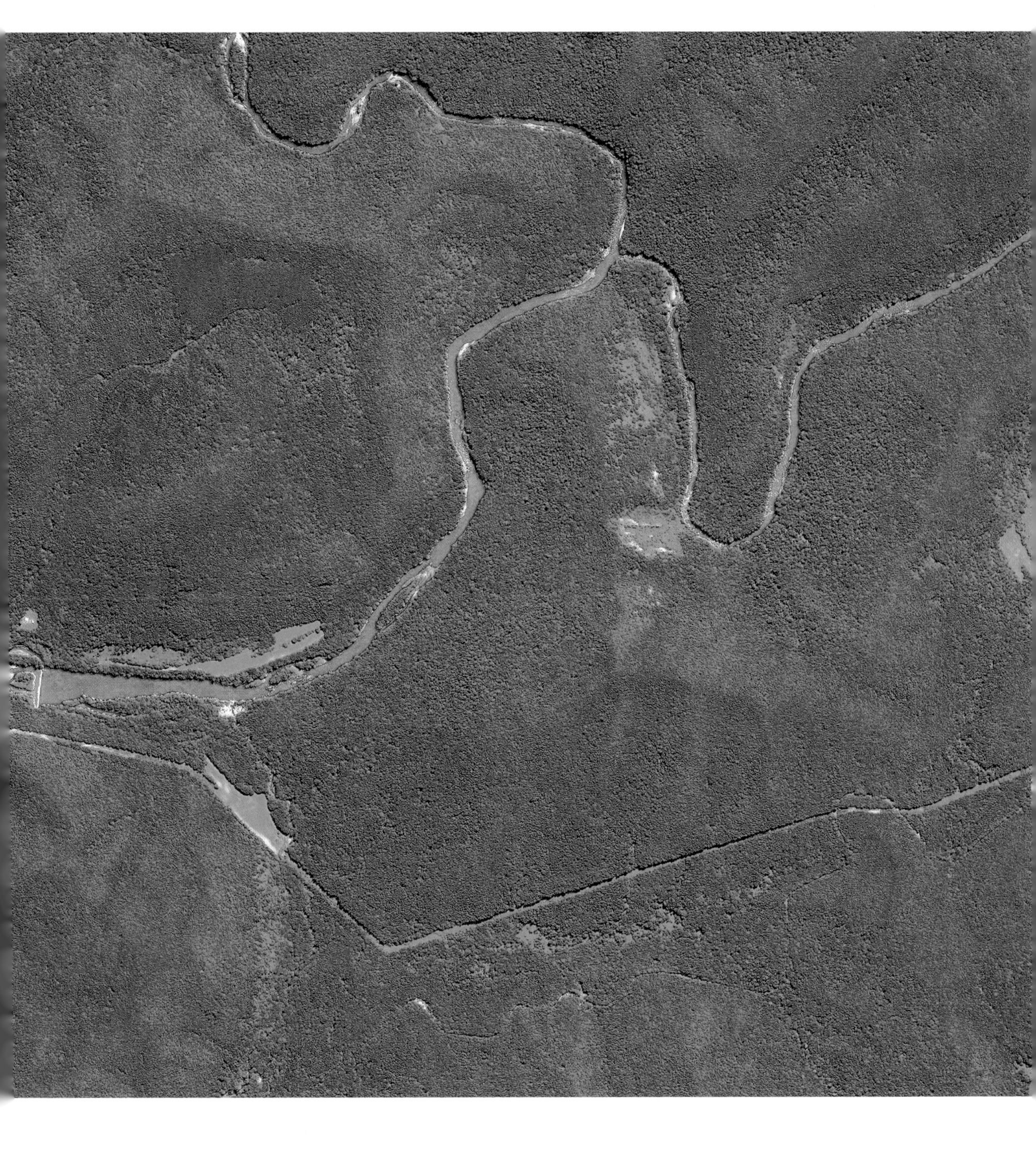

目前园中养育了 50 余只东北虎

以及 60 只东北豹，

这里是我国唯一具有东北虎、东北豹

野生定居种群和繁殖家族的地区。

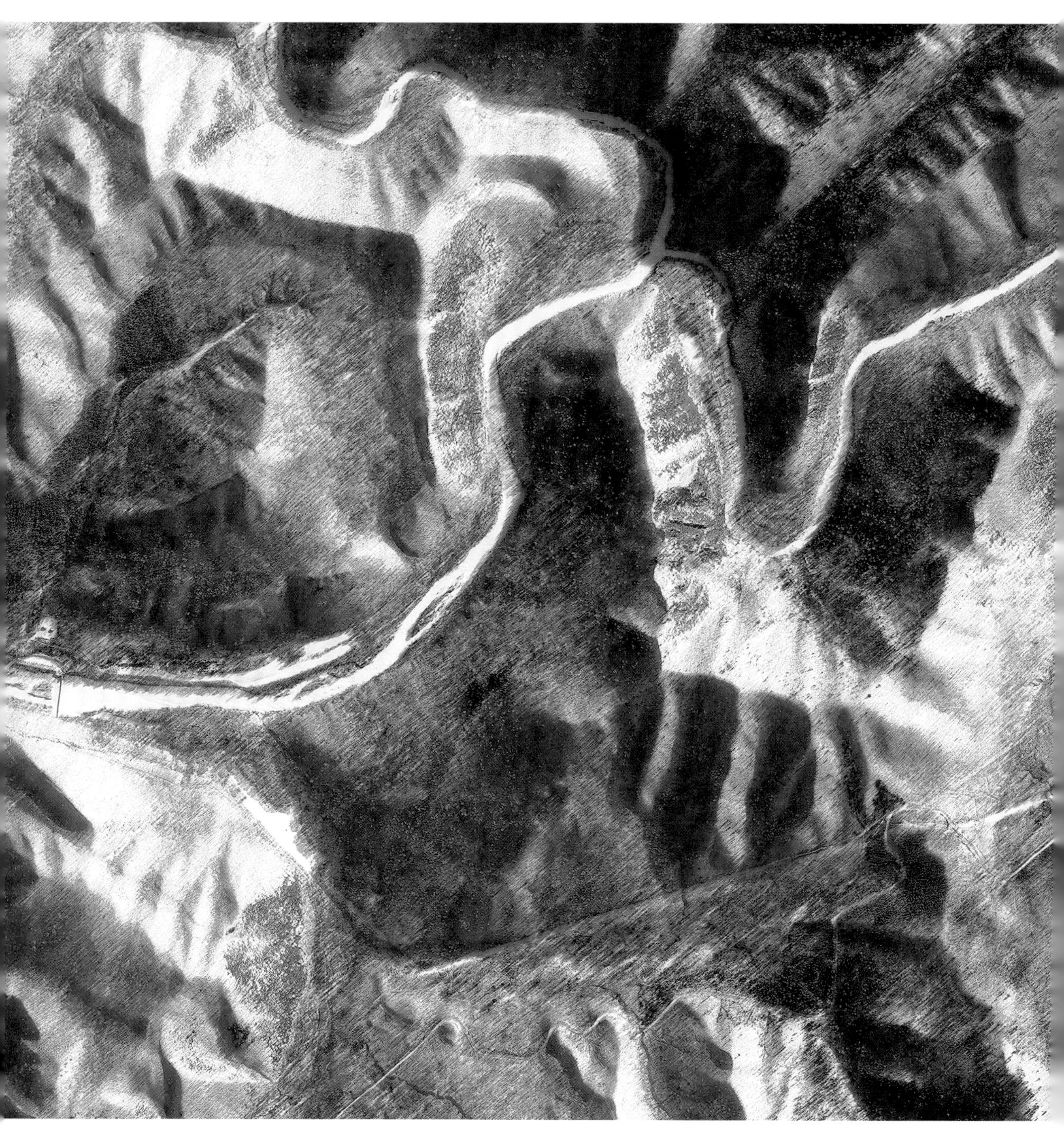

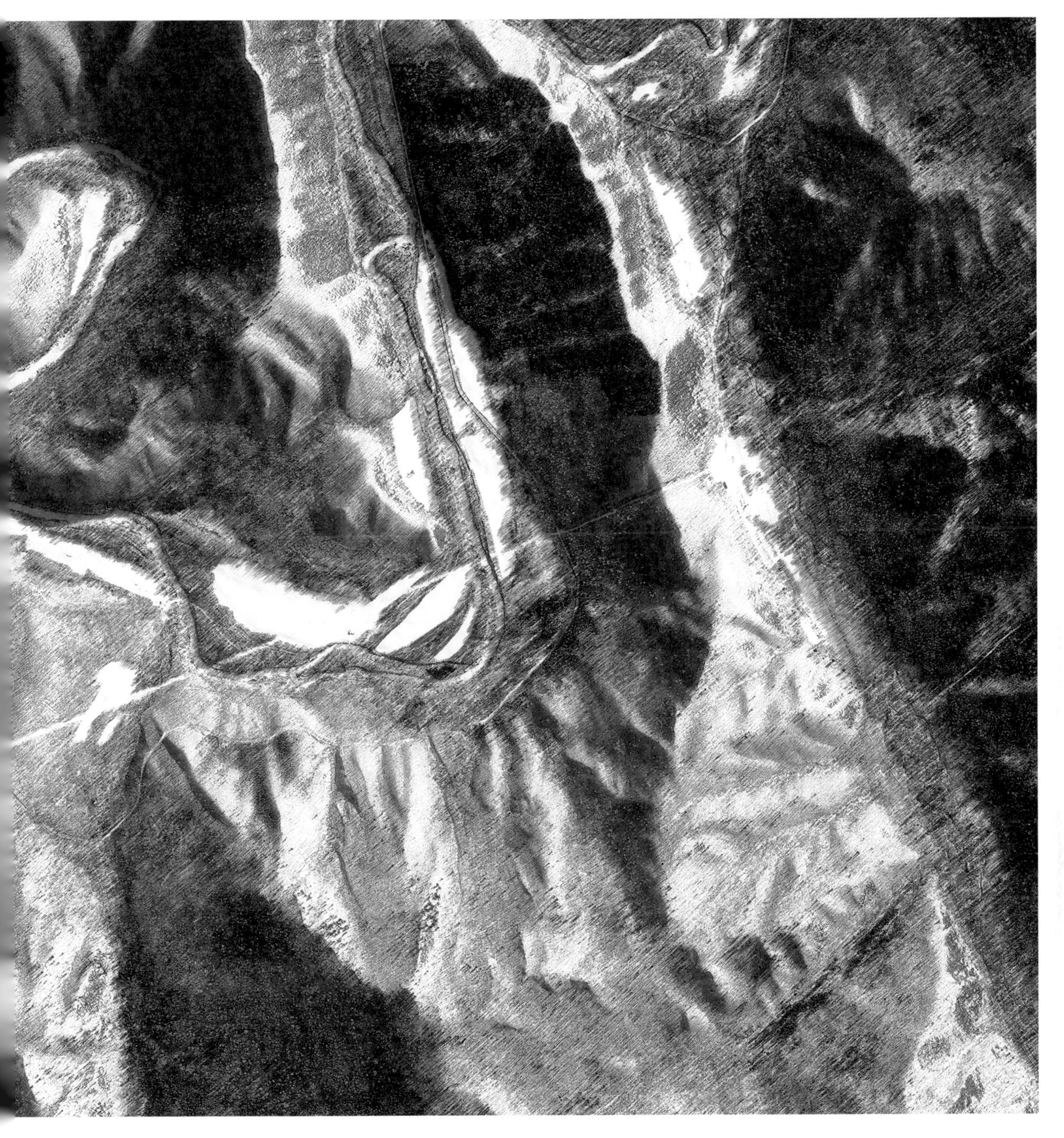

吉林一号·共生地球简介

吉林一号·共生地球 APP 是一款由长光卫星技术股份有限公司自主研发的移动端遥感服务应用，APP 内全部卫星影像均源自“吉林一号”卫星星座。吉林一号·共生地球 APP 以其准确的地图数据、高清的全球卫星影像数据和实用的互动功能而闻名，并成为大众探索世界、户外出行的首选工具。

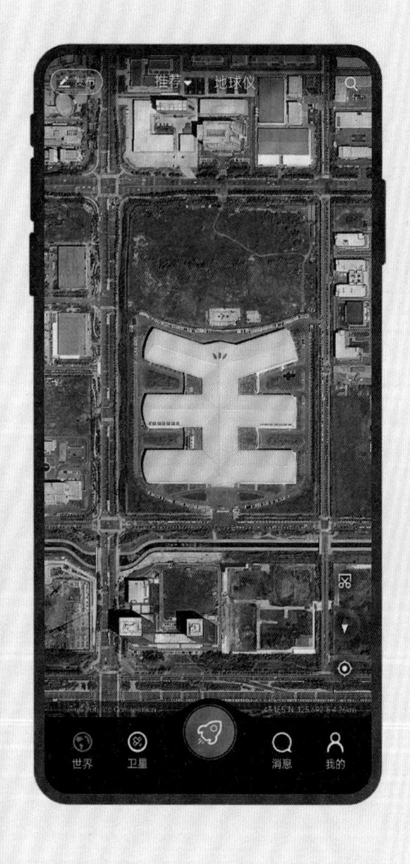

扫码下载
吉林一号·共生地球 APP

《卫星瞰中国》书中配置大量的二维码，扫码即可体验吉林一号·共生地球 APP 核心功能，包括 3D 影像、智能识别、精选壁纸、历史影像、对比影像、全景影像等。获取更多优质信息、进一步探索未知世界，敬请下载吉林一号·共生地球 APP 进行体验。

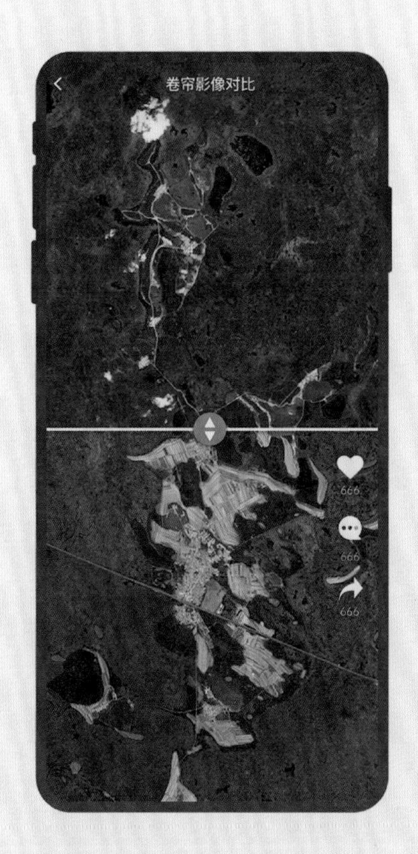

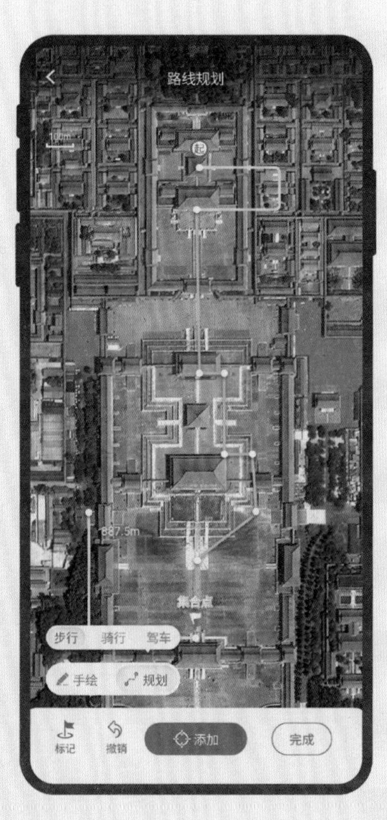

图书在版编目（CIP）数据

卫星瞰中国 / 陈茂胜主编 . 一 长沙 : 湖南科学技术出版社 , 2023.10
ISBN 978-7-5710-2313-3

Ⅰ . ①卫… Ⅱ . ①长… Ⅲ . ①自然地理－中国－图集
Ⅳ . ① P942-64

中国国家版本馆 CIP 数据核字 (2023) 第 185432 号

WEIXING KAN ZHONGGUO
卫星瞰中国

主　　编：陈茂胜
出 版 人：潘晓山
责任编辑：李文瑶　梁蕾　王舒欣
出版发行：湖南科学技术出版社
社　　址：长沙市芙蓉中路一段 416 号泊富国际金融中心
网　　址：http://www.hnstp.com
湖南科学技术出版社天猫旗舰店网址：http://hnkjcbs.tmall.com
邮购联系：0731-84375808
印　　刷：当纳利（广东）印务有限公司
（印装质量问题请直接与本厂联系）
厂　　址：广东省东莞市虎门镇大宁民主路 2 号
邮　　编：523930
版　　次：2023 年 10 月第 1 版
印　　次：2023 年 10 月第 1 次印刷
开　　本：787mm × 1000mm 1/16
印　　张：18
字　　数：160 千字
书　　号：ISBN 978-7-5710-2313-3
定　　价：298.00 元